水稻植质钵盘机械精量播种技术研究

衣淑娟　陶桂香　著

U0312261

科学出版社

北京

内 容 简 介

本书在系统分析国内外水稻植质钵盘精量播种装置研究现状的基础上，针对寒地水稻钵育技术的要求，以水稻芽种物理特性为基础，通过理论与试验相结合的方法，对机械式水稻植质钵盘精量播种装置机理与参数进行了研究与探索。从水稻芽种物理特性入手，利用第二拉格朗日方程、高速摄像技术及试验手段对该装置的工作特性进行了系统研究，这些研究工作为样机研制奠定了基础。

本书可作为农业机械化工程和有关机械设计及理论专业研究生的教学参考书，同时可供从事农业机械设计制造的工程技术人员参考。

图书在版编目（CIP）数据

水稻植质钵盘机械精量播种技术研究 / 衣淑娟，陶桂香著，—北京：科学出版社，2015
ISBN 978-7-03-045759-2

Ⅰ.①水… Ⅱ.①衣… ②陶… Ⅲ.①水稻–播种机–研究 Ⅳ.①S223.2

中国版本图书馆 CIP 数据核字（2015）第 227816 号

责任编辑：丛 楠 韩书云 / 责任校对：何艳萍
责任印制：徐晓晨 / 封面设计：图阅盛世

科 学 出 版 社 出版
北京东黄城根北街 16 号
邮政编码：100717
http://www.sciencep.com

北京厚诚则铭印刷科技有限公司 印刷
科学出版社发行　各地新华书店经销
*

2015 年 11 月第 一 版　　开本：720×1000　B5
2018 年 3 月第二次印刷　　印张：11
字数：216 000
定价：98.00 元

前　　言

秧盘育秧因具有能够从根本上缓解中国寒地的低温、返青慢等不利因素影响的特点而成为寒地水稻育秧的主导方向。其中，平盘育秧因具有早期育苗、秧根盘结、秧苗齐壮等优点，应用较广且目前已实现机械化。但是，在机械插秧过程中，由于平盘育秧的无穴结构需要将秧针对盘结的秧根进行机械性分割，会对秧苗及秧根在一定程度上造成不可避免的损伤，进而需要5～7天的缓苗期；比较而言，钵盘育秧则具有钵穴之间不牵连，有效防止病害蔓延，且栽植时不伤根系等优点，可减少缓苗期，提高亩产量。在设备选用上，日本的钵盘育秧机械化技术相对成熟，但其设备价格高，不适合大面积推广。目前，国内钵盘精量播种机根据其工作原理的不同主要分为气吸式、机械式两种，气吸式主要依靠气力控制吸种(取种)，机械式主要利用机械装置和稻种自重完成播种。目前，对于钵盘精量播种机的研究取得了一定的进展，国内专家和学者进行了大量的试验研究，结果表明现有机型仍存在一定的问题，如播种率低、损伤率高等问题。为此，本书以进一步提高机械式水稻植质钵盘精量播种装置播种性能为目标，运用理论和试验相结合的方式对机械式水稻植质钵盘精量播种装置进行研究，以提高作业精度，增强设备的可靠性，为钵育技术的推广应用提供有力的技术支撑。这将对"'十二五'期间，全国水稻栽植机械化水平达到45%，水稻生产综合机械化水平超过70%和在东北地区率先实现水稻生产全程机械化"宏伟目标的实现产生积极的推动作用和深远的现实影响。

全书由7章组成，主要可分为以下几个部分。

第一部分由第1、2章组成。本部分在调研国内外水稻植质钵盘技术研究现状的基础上，以黑龙江省常用水稻品种为研究对象，对影响播种的水稻芽种物理特性进行研究，并通过对比分析确定了本书研究机械式水稻植质钵盘精量播种装置所需的试验材料。

第二部分由第3、4章组成，本部分包含以下主要内容：①运用微分方程，建立了充种过程稻种运动模型，并归类总结了充种过程中稻种可能的运动情况，获得了充种过程中稻种运动轨迹及影响充种性能的主要因素，并根据生产中常用的型孔尺寸及稻种的物理特性确定了种箱运动速度的取值范围。②根据充种过程理论研究结果，选取型孔直径、型孔厚度、种箱速度3个因素进行了单因素试验研究，确定了较佳尺寸。选取型孔直径、型孔厚度、种箱速度3个因素进行多因素试验，依据二次正交旋转组合设计的试验方法，建立了各因素对性能指标的回归方程，探讨了各因素对性能指标的影响规律。通过回归分析，得出了影响性能指标的主次因素。采用主目标函数法，运用 Matlab 进行优化求解，确定了比较理想的结构参数。

第三部分由第 5 章组成。本部分包含以下主要内容：①运用第二拉格朗日方程构建了播种装置投种过程动力学模型并进行了仿真分析，获得了翻板角位移、角速度、角加速度和稻种相对于翻板的位移、速度、加速度与时间的关系曲线，以及稻种与翻板分离过程的运动位移、速度与稻种初始位置的变化曲线。②基于机械式水稻植质钵盘精量播种装置投种机理，利用速度、加速度合成定理构建了播种装置投种过程稻种运动模型并进行了仿真，获得了稻种与翻板分离前后的运动规律，稻种垂直位移取值范围，以及稻种与翻板的分离条件。

第四部分由第 6、7 章组成。本部分包含以下主要内容：①利用高速摄像技术对稻种运动过程进行了观察分析，获得了投种过程稻种运动规律，以及凸轮转速对稻种运动规律的影响，确定了稻种垂直位移取值范围，并与理论模型仿真得出的不同稻种与翻板分离前后的运动轨迹、速度图进行对比分析，证明了理论模型的有效性。②根据播种装置充种、投种过程的理论、试验研究结果，选取秧盘钵孔与型孔中心距、稻种垂直位移、凸轮转速 3 个因素，进行单因素试验研究，确定了较佳尺寸。根据单因素试验结果，选取秧盘钵孔与型孔中心距、稻种垂直位移、凸轮转速 3 个因素进行多因素试验，依据二次正交旋转组合设计的试验方法，建立了各因素对性能指标的回归方程，探讨了各因素对播种性能指标的影响规律。通过回归分析，得出影响播种性能指标的主次因素。采用主目标函数法，运用 Matlab 进行优化求解，确定了比较理想的结构参数，进一步提高了水稻植质钵盘精量播种装置的播种性能。

第五部分由第 8 章组成。本部分对前几章的研究结果进行了总结。

本书由黑龙江八一农垦大学衣淑娟、陶桂香共同编写。具体分工如下：第 1 章、第 2 章、第 7 章、第 8 章由衣淑娟编写；第 3～6 章由陶桂香编写。

在本书的编写过程中，得到了毛欣、韩霞、刘英楠等同事和李衣菲、李云飞、王睿晗等研究生的大力支持，在此对他们深表谢意。

由于作者水平有限，书中不足之处在所难免，恳请各位读者批评指正。

衣淑娟　陶桂香

2015 年 7 月

目　　录

前言

1　引言 ··· 1

　　1.1　研究背景 ··· 1

　　1.2　水稻植质钵盘精量播种装置研究现状 ················· 2

　　1.3　主要研究内容 ····································· 10

　　1.4　本项目的特色与创新之处 ··························· 12

　　1.5　小结 ··· 12

2　水稻芽种物理特性研究 ··························· 13

　　2.1　试验材料及其芽种制备 ····························· 13

　　2.2　水稻芽种含水率测定 ······························· 14

　　2.3　水稻芽种物理特性研究 ····························· 15

　　2.4　小结 ··· 24

3　水稻钵盘精量播种试验台的设计 ··················· 26

　　3.1　钵盘的结构尺寸 ··································· 26

　　3.2　水稻钵盘育秧播种的农艺要求及播种装置的设计原则 ··· 27

　　3.3　水稻植质钵盘精量播种试验台工作原理 ··············· 27

　　3.4　主要部件设计计算和参数确定 ······················· 28

　　3.5　小结 ··· 44

4　机械式水稻植质钵盘精量播种装置充种机理与参数研究 ··· 45

　　4.1　机械式水稻植质钵盘精量播种装置充种原理 ··········· 45

　　4.2　机械式水稻植质钵盘精量播种装置充种机理研究 ······· 45

　　4.3　机械式水稻植质钵盘精量播种装置充种性能试验研究 ··· 54

　　4.4　小结 ··· 77

5　机械式水稻植质钵盘精量播种装置投种机理研究 ······· 78

　　5.1　机械式水稻植质钵盘精量播种装置投种工作原理 ······· 78

　　5.2　机械式水稻植质钵盘精量播种装置投种过程的动力学分析 ··· 78

　　5.3　机械式水稻植质钵盘精量播种装置投种过程中稻种运动学分析 ···92

5.4 机械式水稻植质钵盘精量播种装置投种过程中稻种与翻板分离条件
  分析 ………………………………………………………………… 102

5.5 小结 …………………………………………………………………… 108

6 基于高速摄像技术的机械式水稻植质钵盘精量播种装置投种过程
  分析 ………………………………………………………………… 110

6.1 试验设备 ……………………………………………………………… 110

6.2 试验材料、条件与拍摄参数 ………………………………………… 111

6.3 高速摄像观察分析 …………………………………………………… 111

6.4 小结 …………………………………………………………………… 131

7 机械式水稻植质钵盘精量播种装置播种性能试验研究 …………… 133

7.1 试验装置和方法 ……………………………………………………… 133

7.2 主要评定指标 ………………………………………………………… 133

7.3 单因素试验结果与分析 ……………………………………………… 135

7.4 多因素试验研究 ……………………………………………………… 139

7.5 性能指标优化 ………………………………………………………… 154

7.6 验证试验 ……………………………………………………………… 157

7.7 小结 …………………………………………………………………… 157

8 结论及展望 ……………………………………………………………… 159

8.1 结论 …………………………………………………………………… 159

8.2 展望 …………………………………………………………………… 161

参考文献 …………………………………………………………………… 162

后记 ………………………………………………………………………… 168

1 引　言

1.1 研究背景

中共中央、国务院 2012 年一号文件《关于加快推进农业科技创新持续增强农产品供给保障能力的若干意见》[1]提出：要积极推广精量播种、化肥深施、保护性耕作等技术，加强农机关键零部件和重点产品研发，支持农机工业技术改造，提高产品适用性、便捷性、安全性。目前作为世界上最大的水稻生产国，我国水稻生产综合机械化水平已达 58%，其中机械化耕作和收获水平分别达 85%和 60%，而机械化种植水平仅达 20%[2]，且地区间发展极不平衡，成为了制约水稻生产综合机械化水平提高和实现水稻生产全程机械化的瓶颈。

秧盘育秧因具有能够从根本上缓解我国寒地的低温、返青慢等不利因素影响的特点而成为寒地水稻育秧的主导方向，尤其在我国东北地区农作物生育期较短的自然条件下，水稻欲取得高产必须先育秧[3-7]。秧盘育秧根据使用秧盘不同，可分为平盘育秧与钵盘育秧。其中平盘育秧因具有早期育苗、秧根盘结、秧苗齐壮等优点，应用较广且目前已实现机械化。但是，在机械插秧过程中，由于平盘育秧的无穴结构，需要将秧针对盘结的秧根进行机械性分割，会对秧苗及秧根在一定程度上造成不可避免的损伤，进而需要 5～7 天的缓苗期。钵盘育秧则具有钵穴之间不牵连，有效防止病害蔓延，根系壮，且栽植时不伤根系等优点，可缩短缓苗期，提高亩①产量，但目前应用较多的钵盘是聚氯乙烯回收料经吸塑制成，该钵盘所育钵苗移栽形式主要以抛秧为主，在抛秧过程中存在秧苗不均匀、秧钵入土浅、易倒伏、抛秧初直立苗仅占 10%～15%(经 5～7 天缓苗期后方可全部直立)、延长缓苗期等缺点[8-13]。日本的钵育机械化技术相对成熟，但引进其设备价格高，尤其是秧盘及其相配套的摆栽机价格昂贵[14]。针对这一问题，在汪春教授的带动下，黑龙江八一农垦大学植质钵育创新团队以稻草为基本原料，研发了以水稻植质钵育秧盘、型孔转板式水稻植质钵盘精量播种机及植质钵育栽植机 3 项技术为

---

① 1 亩≈666.7m²

核心的水稻植质钵育栽植技术[15-23]，并自 2006 年起在黑龙江垦区的部分农场和地方的部分农村进行了试验示范，取得了良好的效果，亩增产 15%～20%。实践证明，该项技术具有早期育苗、秧根盘结、秧苗齐壮、带钵移栽，移栽时不断根、无植伤、无缓苗期等特点。同时，钵盘以稻草为主要原料，可随秧苗被移入土壤一次性利用，达到秸秆还田的目的。

作为水稻植质钵育栽植技术的核心设备之一——植质钵盘精量播种机具有适应性强的鲜明特性。它既能用于钵盘播种，又能用于平盘播种。同时，该设备还具有机构简单、造价低和生产率高等特点。通过试验示范表明，该装置不仅能够解决气吸式播种装置对不同稻种播种参数设置差异较大，无法满足不同品种的水稻植质钵盘播种要求等问题，而且能克服其他机械式播种装置夹种率高的问题。为此，本项目以进一步提高机械式水稻植质钵盘精量播种装置播种性能为目标，运用理论和试验相结合的方式对机械式水稻植质钵盘精量播种装置进行研究，以提高作业精度，增强设备的可靠性，为钵育技术的推广应用提供有力的技术支撑。这将对"'十二五'期间，全国水稻栽植机械化水平达到 45%，水稻生产综合机械化水平超过 70%和在东北地区率先实现水稻生产全程机械化"[24]宏伟目标的实现产生积极的推动作用和深远的现实影响。

1.2 水稻植质钵盘精量播种装置研究现状

目前，已被报道的水稻植质钵盘精量播种装置根据工作原理的不同，主要分为气吸式、机械式两种。

1.2.1 气吸式水稻植质钵盘精量播种装置

气吸式水稻植质钵盘精量播种装置的工作原理主要是利用气力控制吸种(取种)和播种(放种)。目前气吸式水稻植质钵盘精量播种装置主要有吸针式、滚筒式和振动吸盘式 3 种类型。

1.2.1.1 吸针式水稻植质钵盘精量播种装置

其结构如图 1-1 所示，一般采用往复摆动式机构带动吸嘴。该播种装置具有结构简单、播种精度高等特点，该类播种装置在国外应用较多，如美国的 Blackmore System、Speedling System、Hamilton、van Dana 等精密播种装置；韩国大东机电株式会的 Helper 精密播种装置、Gro-Mor 持式和手动式针式播种装置；英国 Hamilton 公司的手动、针式播种装置等。该播种装置作业质量较好，功能全，自动化程度较高，但主要用于蔬菜温室播种，且每穴 1~5 粒[25-27]。国内外学者为研究播种装置播种机理，提高播种装置播种性能，进行了大量的理论与试验研究[28-33]。例如，意大利 Guarella 等用安装不同型号吸嘴的吸盘对花卉种子进行了试验与理论研究，找到了不同吸嘴及最适合的工作气压；土耳其学者 Barut 以吸孔的形状、线速度、真空度、排种盘上吸孔面积和稻种的千粒重为变量进行了大量试验，得出充种率随线速度增大而下降；宋建农等通过对稻种进行受力分析，获得了稻种被吸附的理论临界气流速度，并通过试验得出该播种装置满足杂交稻芽种超低播量和低伤种率的要求；张晓慧通过试验研究提出气针端面角越小，吸附性能越好，空穴率随着气针端面角的减小而降低，但重播率随之上升，在气针端面角相同的情况下，尺寸与千粒重较小的稻种播效果较好；王丽君通过正交试验分析了吸嘴孔径、真空度和播种速度等因素对播种机工作性能指标的影响情况，得出了影响因素的主次顺序，找出了较优因素水平组合。

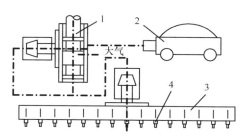

图 1-1　吸针式水稻值质钵盘精量播种装置结构示意图
1. 电磁换向阀；2. 真空泵；3. 真空室；4. 吸嘴

1.2.1.2　滚筒式水稻植质钵盘精量播种装置

其结构如图 1-2 所示，该播种装置能实现连续播种，具有播种精度好、生产率高、同流水线保持同步、筒内气体流场稳定、真空度低、耗气量小等优点，在水稻、玉米、大豆、蔬菜和花卉秧盘育秧精密播种设备中均有应用[34-36]。例如，荷兰 Visser 公司、澳大利亚 William 公司、英国 Hamilton 公司、美国 Blackmore 公司的产品主要是滚筒式精密播种装置；美国 Marksman 公司的产品为小滚筒播种装置。国内外学者为研究播种装置播种机理，提高播种装置播种性能，进行了大量的理论与试验研究[37-43]。例如，Karayl 等通过试验建立了玉米、棉花、大豆、西瓜等种子的千粒重、投影面积等物理特性与吸室真空度的数学模型；Singh 等以气力播种装置为主要研究对象，以播种装置的结构、工作参数为影响因素，分析了吸种精度的影响规律，建立了相应的数学回归模型；为了解决气吸式播种装置吸孔被堵塞的问题，庞昌乐运用理论与试验相结合的手段，分析了影响吸播种性能的因素，实现了软盘的对穴播种，防止了吸孔堵塞，提高了播种装置吸播种性能；王朝辉采用振动模态理论、两相流仿真分析、高速摄像和试验研究相结合的方法，进行了气吸滚筒式超级稻育秧播种装置的基础理论及试验研究；董永鹭进行了气吸滚筒式超级稻育秧播种装置种盘振动的基础理论及试验研究，探讨了激振力加载位置、激振力大小、种盘倾角对稻种在吸附区域分布规律的影响，分别采用正交试验设计、ANSYS 有限元分析和高速摄像技术全面分析了气吸式播种装置种盘的工作过程，探讨了气吸滚筒式播种装置种盘振动机理；赵湛为分析工作参数对气吸滚筒式播种装置吸种性能的影响，建立了稻种和滚筒的三维模型，得到稻种吸附瞬态运动轨迹，揭示了稻种被吸孔吸附机理，指出了播种装置的吸种性能随滚筒转速的提高而降低，随负压差的升高而增强。

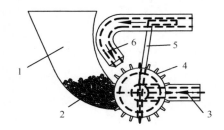

图 1-2　滚筒式水稻植质钵盘精量播种装置示意图

1. 稻种箱；2. 搅拌器；3. 吸风管；4. 排种滚筒；
5. 投种吹风管；6. 清种吹风管

1.2.1.3　振动吸盘式水稻植质钵盘精量播种装置

其结构如图 1-3 所示，该播种装置主要依据散粒体动力学理论而设计，其结构包括气力吸盘、风道和振动台台面等。其工作原理：稻种在振动种盘内产生向上的抛掷运动而相互分离，呈"沸腾"状态，往复式驱动机构将真空负压吸盘送至振动种盘上方适当位置时完成吸种过程，当驱动机构运动至育秧盘上方适当位置后阻断负压气源，稻种靠自身重力和离心力离开吸种孔，落入与之相对应的育秧盘孔穴中，实现育秧盘的连续对靶播种。

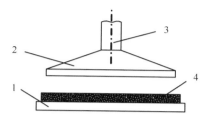

图 1-3　振动吸盘式水稻植质钵盘精量播种试验台示意图
1. 振动台台面；2. 气力吸盘；3. 风道；4. 稻种

国内外学者为研究播种装置播种机理，提高播种装置播种性能，进行了大量的理论与试验研究[44-55]。例如，Jafari 等在 1994 年对发芽的种子利用气吸式播种装置进行了大量系统的试验，提出影响播种装置吸种能力的主要结构参数；刘彩铃运用流体动力学原理对水平吸盘式水稻育秧精密播种装置的吸种理论进行研究，建立了压力梯度力、吸种最小真空度和吸种最大真空度的数学模型，提出影响播种装置吸种能力的主要结构参数及影响结果；邱冰针对吸盘式的不足之处，将机械式激振结构改为电磁式激振机构，提高吸种效果，进一步完善了气吸式精密播种装置的设计理论；张敏为分析吸盘式水稻育秧播种装置工况参数和吸孔结构参数对稻种吸附性能和吸孔堵塞的影响，运用ANSYS12.0、Fluent 软件对 3 种形式的吸孔在不同边界条件下的气流场进行仿真分析，获得了吸孔导程对吸孔吸种空穴率和重吸率的影响，以及减少吸孔堵塞的方案；李耀明针对播种装置振动台面的振动频率和气力吸种部件进行了深入研究，认为播种装置内部吸盘携种传送的行程较大，充压吸种、卸压排种的时间较长，工作效率低，对气源功率和播量的依赖性很大，易产生气力不足、空穴率上升的情况，反之则重播率高，对气源压力和流量的实时控制较复杂，影响吸种合格率；汪春为控制流场的稳定性，在吸盘内部设计了带有窗型孔的内隔板，并对该播种装置进行了试验研究，得出了最佳结构参数组合；周海波采用振动原理，研制了一种电磁振动种室和气动振盘相结合的振动式精密播种装置,以及气力式双层滚筒精密播种装置的秧盘连续输送与穴孔同步精准播种对中的控制系统,实现播种的精确控制,解决了秧盘育秧精密播种同步对中的难题;赵立新为提高气吸式播种装置的吸种性能,在激振的条件下使稻种在稻种盘内产生抛掷运动,从理论上分析并得出了使稻种产生向上抛掷运动的条件;张广智就气吸式水稻植质钵盘精量播种装置机理进行了理论分析和试验研究,建立了吸嘴前稻种在气流作用下的受力模型,并通过试验获得了最佳结构参数组合。

1.2.2　机械式水稻植质钵盘精量播种装置

机械式水稻植质钵盘精量播种装置的工作原理是利用型孔在种群中取种、充种、清种和卸种等环节由机械装置和稻种自身重力来实现。目前,机械式水稻植质钵盘精量播种装置主要以外槽轮式、型孔轮式、抽板式、型孔转板式为核心工作部件,其中外槽轮式属于撒播或条播,型孔轮式、抽板式、型孔转板式属于穴播。

1.2.2.1　外槽轮式水稻植质钵盘精量播种装置

其结构如图 1-4 所示,工作时槽轮旋转,稻种靠重力充满槽轮凹槽,并被槽轮带着一起旋转进行强制播种,具有通用性好、播量稳定、调节方便、结构简单等优点。由于该播种装置在播种过程中槽轮凹槽强制播种,使稻种流呈脉动,播量有脉动现象,排种均匀性较差,受机器振动影响较大。

图 1-4　外槽轮式水稻植质钵盘精量播种装置示意图

1.2.2.2 型孔轮式水稻植质钵盘精量播种装置

其结构如图 1-5 所示，该播种装置根据稻种的形状和尺寸等因素，设计出各种窝眼，其随型孔轮一道转动，经过刮种器时，窝眼内多余的稻种被刮去，留在孔内的稻种由弧形的护种板遮盖，当转到下方出口时，稻种靠自身重力落入种沟内。

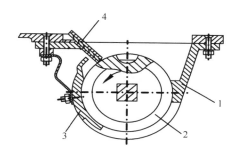

图 1-5 型孔轮式水稻植质钵盘精量播种装置示意图
1. 壳体；2. 窝眼轮；3. 护种板；4. 刮种器

1.2.2.3 抽板式水稻植质钵盘精量播种装置

其结构如图 1-6 所示，主要部件是一块有眼孔的抽板。抽板在曲柄连杆机构带动下往复运动，当抽板上的眼孔和底板上的眼孔相对时，稻种靠自身重力落入穴盘种穴中。在实际应用中根据穴盘孔数和稻种粒径可选换抽板和底板。

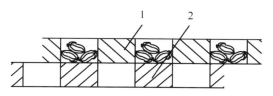

图 1-6 抽板式水稻植质钵盘精量播种装置示意图
1. 抽板；2. 底板

1.2.2.4　型孔转板式水稻植质钵盘精量播种装置

其结构如图 1-7 所示，主要部件是型孔、翻板。稻种靠自身重力完成充种，当型孔内充入一定量稻种，翻板在拉杆的带动下转动，在摩擦力、重力、惯性力等作用下，稻种与型孔、翻板发生相对运动，当翻板转过一定角度，稻种在翻板上运动到一定程度后，稻种与翻板发生分离，分离后，稻种在自身重力的作用下，以一定的初速度、沿一定的轨迹下落，最后落入秧盘穴，完成播种装置投种过程。

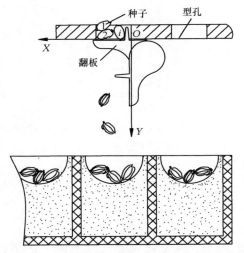

图 1-7　型孔转板式水稻植质钵盘精量播种装置示意图

国外学者对该播种装置的研究主要集中在日本，如井关、久保田、日清、三菱等株式会社都有自己的育秧播种设备，其自动化程度高，但主要用于蔬菜、花卉温室育秧，且其配套设备价格昂贵，综合使用成本高[56-62]。国内相关研究虽起步较晚，但成果较多[63-71]。例如，为了解决穴盘播种质量与生产效率问题，王立臣在原有平盘插秧播种机的基础上，研制出 2ZBZ-600 型水稻穴(平)盘播种设备，并指出播种装置中槽轮凹槽强制排种，排量有脉动，排种均匀性较差且受机器振动影响较大；王冲对投种过程中稻种运动规律、投种机理等进行了理论分析，把投种过程分为及时投种、延迟投种和强制投种，推导出每个过程中排种器各参数与穴盘运动速度间的关系式，并对投种过程进行了高速摄像分析，建立了型孔长度与排种器等相关参数间的限制关系式，提出顺利投种的条件，并应用 Matlab 建立了排种器充种单粒率和空穴率的改进的 BP 神经网络预测模型，采用 Levenberg-Marquardt 训练方法对建立的网络进行训练、仿真预测，结果表明：利用改进的 BP 神经网络对排种器充种性能进行预测是可行的，可为排种器的优化设计及工作参数的选择提供依据，从而减少了试验时间和成本；毛艳辉在稻种特征分布规律分析的基础上，结合育秧播种的农艺要求，设计了一种水稻植质钵盘精密播种机，并对其有关机理及播种关键部件进行了理论分析和试验研究，通过对 5 种不同型式的型孔试验指标进行比较发现，V 型孔的播种效果是最好的；赵镇宏、宋景玲针对型孔板刷轮式苗盘精播装置建立了不同状况下的数学模型，利用理论与试验相结合的方法研究了型孔板孔径、刷种轮直径、种箱移动速度等参数对布种、清种的作用，指出排种时，尽管活动布种板型孔直径大于稻种直径，但稻种中一旦混入尺寸大于型孔尺寸的稻种或杂物，这些稻种或杂物将卡在型孔中，不能靠自身重力排出，影响播种质量，同时利用活动型孔板回移复位的结构特点，分析了稻种顺利排出而不被回位型孔板干涉所需最少时间条件，在此基础上优化设计了固定型孔板型孔直径；张文毅设计了一种链板式精密播种装置，链条速度和充种时间都可以根据不同的稻种而从优选择，确保了稻种能够填满播种板的容种孔，提高每穴播种量精确度；宋景玲设计了适合于刷轮式苗盘精播装置的强制排种机构，投种器采用伸缩结构，保证了播种的准确率。

综上所述，水稻植质钵盘精量播种装置的研究取得了一定的成果。但是以往的播种装置都是针对于塑料钵盘，该盘以聚氯乙烯为原料，育秧时需要的苗床土短时间内恢复困难，对资源环境造成了一定的破坏，而且育秧后的移栽技术仍摆脱不了抛秧或摆栽等诸多问题，综合经济效益与社会效益不高，不利于水稻种植的长久发展。从日本引进的树脂钵育秧盘可以与专属配套的插秧机联合使用，实现摆栽。但专属的秧盘成本太高，而且适合移植摆栽的插秧机也需要从日本进口，价格昂贵，不适合我国大面积水稻种植推广应用。为了解决上述问题，黑龙江八一农垦大学植质钵育创新团队以稻草为基本原料，研发了以水稻植质钵育秧盘、机械式水稻植质钵盘精量播种机及植质钵育栽植机 3 项技术为核心的水稻植质钵育栽植技术。实践证明，该项技术具有早期育苗、秧根盘结、秧苗齐壮、带钵移栽，移栽时不断根、无植伤、无缓苗期等特点。同时，钵盘以稻草为主要原料，可随秧苗被移入土壤一次性利用，达到秸秆还田的目的。为进一步提高机械式水稻植质钵育精量播种装置的播种性能指标，本书主要解决以下问题：①获得黑龙江省常用水稻品种物理特性，通过对比分析，获得本书研究所需的基本数据；②根据水稻植质钵盘精量播种装置的工作原理，构建充种过程稻种运动模型，揭示播种装置充种机理，获得最佳结构参数；③根据水稻植质钵盘精量播种装置的工作原理，构建投种过程播种装置理论模型、稻种运动模型，揭示播种装置投种机理，获得最佳结构参数。这些问题的解决将为提高水稻植质钵育技术奠定理论基础，相关成果的应用将有助于水稻增产和提升水稻全程生产机械化水平，提高生产效率，降低劳动投入，促进农民增收。

1.3　主要研究内容

1.3.1　水稻芽种物理特性研究

对现有水稻品种进行调查，选取黑龙江省种植面积广、种植收益高的水稻品种，利用千分尺、电子天平、剪切仪、斜面仪、休止角测定仪、万能试验机、高精度显微镜等仪器对水稻芽种的几何尺寸、千粒重、内摩擦角、休止角、自流角、硬度等进行测定，获得不同品种水稻芽种物理特性的变化规律，并进行对比分析，确定本书研究机械式水稻植质钵盘精量播种装置所需的试验材料及其物理特性。

1.3.2　机械式水稻植质钵盘精量播种装置充种机理与参数研究

充种是投种的基础，提高播种装置充种性能是提高投种率的前提，研究重点是：确定影响充种率的关键因素，确定最佳结构参数。解决这些问题需进行以下方面的研究。

（1）理论研究

基于机械式水稻植质钵盘精量播种装置的特点，构建充种过程稻种运动模型，根据稻种可能的充种情况，确定影响充种过程的关键因素及种箱速度取值范围。该问题的解决揭示了充种机理，为装置充种过程试验研究中参数的选择及其取值范围的确定提供理论依据。

（2）试验研究

首先，进行单因素试验研究，研究各结构参数对充种性能指标的影响；其次，进行多因素试验研究，研究在结构参数综合作用下对充种性能的影响；最后，通过优化确定最佳结构参数。该问题的解决为提高机械式水稻植质钵盘精量播种装置播种性能提供了充种过程的最佳参数。

1.3.3 机械式水稻植质钵盘精量播种装置投种性能的研究

研究重点是找到投种过程中稻种运动规律，确定影响稻种运动规律的结构参数，给出提高播种率的最佳结构参数。解决这些问题需进行以下方面的研究。

（1）理论研究

首先，基于机械式水稻植质钵盘精量播种装置的结构特点，以芽种、翻板构成的系统为研究对象，运用第二拉格朗日方程，构建投种过程动力学模型，并利用 Matlab 对播种装置投种过程芽种进行仿真分析；其次，基于投种过程动力学模型，运用点的速度、加速度合成定理，构建水稻芽种运动学模型；最后，对以上模型进行整合，并进行仿真，分析芽种运动规律，揭示机械式水稻植质钵盘精量播种装置投种机理，确定提高机械式水稻植质钵盘精量播种装置的结构参数及其取值范围。

（2）试验研究

主要利用高速摄像技术对投种过程稻种运动规律进行在线观察，分析稻种运动规律，确定提高机械式水稻植质钵盘精量播种装置的结构参数及其取值范围，与理论结果进行对比，分析原因，对投种过程理论模型进行修正。该问题的解决旨在验证理论研究的可靠性。

1.3.4 机械式水稻植质钵盘精量播种装置性能的试验研究

根据充种、投种过程的研究结果，首先进行单因素试验研究，确定各结构参数对播种性能的影响，获得较佳参数；其次，进行多因素试验研究，确定各参数综合作用对播种装置性能的影响；最后，通过优化确定最佳结构参数。该问题的解决为提高机械式水稻植质钵盘精量播种装置播种性能提供了最佳结构参数。

1.4　本项目的特色与创新之处

基于机械式水稻植质钵盘精量播种装置提出运用第二拉格朗日方程建立投种过程稻种动力学模型的研究方法。其优点是用体系的动能和势能取代了牛顿形式的加速度和力，方程中不出现约束反力，因而在建立体系的方程时，只需分析已知的主动力，不必考虑未知的约束反力。在理论上、方法上、形式上和应用上达到高度统一，准确描述了力学系统的动力学规律，为解决体系的动力学问题提供了统一的程序化方法，避开了一系列假设，揭示了播种装置投种机理，提高了理论研究与实践应用的相似度。

1.5　小结

本章阐述了本书研究的目的和意义，分析了国内外水稻钵育技术的研究情况和存在的问题及水稻钵育播种装置的发展趋势，并通过对国内外水稻植质钵盘精量播种装置机理研究现状的分析，明确了本书的主要研究内容和方法。

2 水稻芽种物理特性研究

水稻芽种物理特性研究是水稻植质钵盘精量播种装置研制与开发的基础性理论研究，它将为播种装置的设计提供最为基本的理论参数和依据，以更好地满足作物的农艺要求和播种质量要求，减少对稻种的损伤，提高播种精度，满足稻种对环境湿度和温度的要求，从而提高稻种的成活率，达到增产增收的目的[72-73]。目前对稻种物理特性的研究，主要集中在干基含水率稻种的物料特性及有关稻种包衣后物理特性的研究，而对稻种发芽后的物理特性研究甚少[74-75]。本章对黑龙江省水稻生产中常用的 4 个水稻品种发芽后的物理特性进行研究，为水稻植质钵盘播种装置的研究提供基础数据。为叙述方便，本书中稻种即水稻芽种。

2.1 试验材料及其芽种制备

2.1.1 试验材料

试验材料为黑龙江省常用水稻品种：'龙粳 26'、'垦鉴稻 6'、'空育 131'、'垦稻 12'。

2.1.2 水稻芽种制备

（1）除芒

稻种有芒会影响播种装置的播种质量，易形成架空现象，堵塞播种装置。

（2）选种

利用密度法选出饱满的稻种，具体过程如下：在 100 斤①水中加 20 斤食盐，

---

① 1 斤=0.5kg

配成浓度为 1.08～1.10mol/L 的食盐溶液，测定盐水密度，当盐水密度适宜时，将稻种放入已经配好的溶液中，充分搅拌，捞出漂浮在水面上的秕粒，沉在底下的为饱满的稻种。

(3) 冲洗

用清水冲洗，以防盐害，在液选的过程中随时调整溶液浓度，保持合适的密度。

(4) 催芽

具体过程如下[76]：首先浸种，把经过密度法选择处理好的稻种装入浸种、催芽箱内，使稻种升温并稳定在 11～12℃；其次破胸，将浸种箱中的水放掉，把调温箱中的水加热、调温到 35℃左右，再通过给回水系统把调好温度的水供到准备破胸稻种的催芽箱内，使水温稳定在 30～32℃；最后催芽，使水稻温度保持在 25～28℃，观察出芽情况。

(5) 晾芽

当 80%的稻种露白后取出摊开晾芽，芽长控制在 1～2mm，如芽种过长，播种不均匀，种芽容易断。在晾芽的过程中，每隔 10min 取出适量的稻种测定其含水率，在测定含水率的过程中，每种水平的含水率留取一定的样本供试验用。

2.2　水稻芽种含水率测定

如果水稻芽种含水率过高，由于芽种之间相互粘连，以及芽种和播种装置表面之间的黏附力，会降低播种精度，因此需要测定水稻芽种含水率。其测定方法如下：分别选取催芽后的稻种 5 份，各 150g，采用电脑水分测定仪(上海青浦绿洲检测仪器有限公司生产，型号 LDS-1F，误差≤±0.5%，重复误差≤±0.2%，可测量含水率 3%～35%)在相同环境条件下测定不同水稻品种的含水率，取平均值。

2.3 水稻芽种物理特性研究

2.3.1 水稻芽种几何特性

稻种的形状和尺寸直接影响播种装置的结构参数，在选择播种装置结构参数时，首先要考虑稻种的几何特性。稻种三轴尺寸的三维坐标系如图 2-1 所示，X 为稻种长度方向，Y 为稻种宽度方向，Z 为稻种厚度方向。

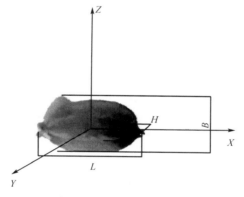

图 2-1　稻种三维坐标系

2.3.1.1 试验方法

随机选取水稻品种为'龙粳 26'、'垦鉴稻 6'、'空育 131'、'垦稻 12'的芽种各 100 粒，在长、宽、厚 3 个方向上用电子数显卡尺进行测量，为了减少误差，每次试验重复 3 次，取其平均值。

2.3.1.2 试验数据结果分析

1) 在稻种含水率分别为 21%、23%、25%、27%、29% 条件下，得出了水稻品种为'龙粳 26'、'垦鉴稻 6'、'空育 131'、'垦稻 12'的芽种长度、宽度、厚度随含水率变化的关系曲线，如图 2-2 所示。由图 2-2 可知，稻种的三轴尺寸均随含水率的增加而增加，但增加幅度不大。由此可见，稻种含水率越小，其三轴尺寸越小，越容易囊入型孔。由于水稻芽种播种常规含水率为 23%～25%[72-75]，本书播种时稻种含水率选取 25%。

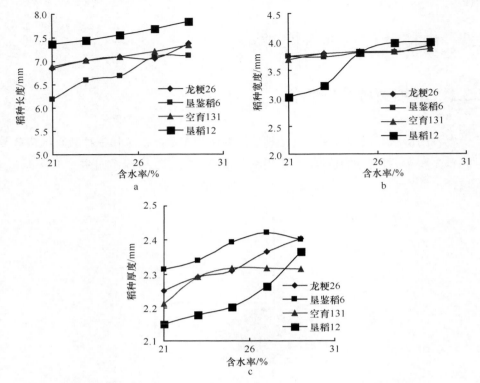

图 2-2　稻种长度(a)、宽度(b)和厚度(c)随含水率变化的关系曲线

2)在稻种含水率为 25%、芽长 1～2mm 条件下,得出水稻品种'龙粳 26'、
'垦鉴稻 6'、'空育 131'、'垦稻 12'芽种长度、宽度、厚度在各尺寸中分布比
例,如图 2-3 所示。

由图 2-3a 可知,'龙粳 26'的稻种长度主要分布在 7.0～7.4mm;'垦鉴稻 6'
的稻种长度主要分布在 6.2～7.2mm;'空育 131'的稻种长度主要分布在 7.0～
7.4mm;'垦稻 12'的稻种长度主要分布在 6.9～7.4mm。

由图 2-3b 可知,'龙粳 26'的稻种宽度主要分布在 3.9～4.2mm;'垦鉴稻 6'
的稻种宽度主要分布在 3.6～3.8mm;'空育 131'的稻种宽度主要分布在 3.6～
4.0mm;'垦稻 12'的稻种宽度主要分布在 3.2～4.1mm。

由图 2-3c 可知,'龙粳 26'的稻种厚度主要分布在 2.3～2.5mm;'垦鉴稻 6'
的稻种厚度主要分布在 2.1～2.7mm;'空育 131'的稻种厚度主要分布在 2.3～
2.6mm;'垦稻 12'的稻种厚度主要分布在 2.2～2.7mm。

由此可见,这 4 种稻种的三轴尺寸分布范围随品种的不同而不同,但长度主要
分布在 6.2～7.4mm;宽度主要分布在 3.2～4.2mm;稻种厚度主要分布在 2.1～2.7mm。

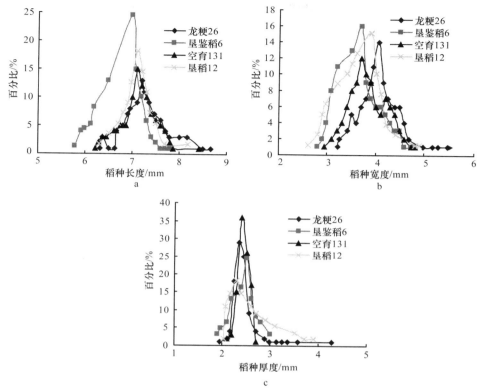

图 2-3 稻种长度(a)、宽度(b)和厚度(c)分布比例

2.3.2 水稻芽种千粒重

水稻芽种千粒重是指 1000 粒水稻芽种的绝对质量，单位为 g。同一品种水稻芽种千粒重的大小反映了稻种的大小、饱满度，也是计算播种量的重要指标[72-75]。千粒重的大小对播种过程中稻种充种、投种过程的运动轨迹、运动状态影响显著，对确定播种装置与秧盘之间的对应位置关系有重要影响。

2.3.2.1 试验方法

随机选取水稻'龙粳 26'、'垦鉴稻 6'、'空育 131'、'垦稻 12'的芽种各 10 千粒，分成 10 组，在相对湿度为 10%、室温为 20℃的环境下，用测量精度为 0.05g 的电子天平进行测量，记下测量结果，为了减少误差，每次试验重复 3 次，计算其平均值。

2.3.2.2　试验数据结果分析

1)在芽种含水率分别为21%、23%、25%、27%、29%条件下，得出了'龙粳26'、'垦鉴稻6'、'空育131'、'垦稻12'的芽种千粒重在不同含水率下的变化规律，如图2-4所示。由图2-4可知，水稻芽种千粒重随含水率的变化规律相似，随含水率的增加而增加。当含水率为25%时，千粒重最大的水稻品种为'垦鉴稻6'，最小的水稻芽种品种为'空育131'。

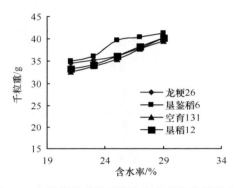

图 2-4　水稻芽种千粒重随含水率变化的关系曲线

2)在水稻芽种含水率为25%条件下，得出了'龙粳26'、'垦鉴稻6'、'空育131'、'垦稻12'的芽种千粒重的分布比例，如图2-5所示。由图2-5可知，'龙粳26'的芽种千粒重主要分布在35~40g；'垦鉴稻6'的芽种千粒重主要分布在36~41g；'空育131'的芽种千粒重主要分布在35~39g；'垦稻12'的芽种千粒重主要分布在34~40g。

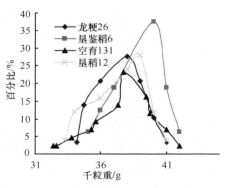

图 2-5　水稻芽种千粒重分布比例

由此可见，4 种水稻芽种的千粒重分布范围随品种的不同而不同，在水稻芽种含水率为 25%条件下，主要分布在 34～41g。

2.3.3　水稻芽种流动性

水稻属于散粒体，内摩擦系数小，很容易脱落，这种特性称为流动性或散落性。水稻芽种流动性的大小对播种装置的设计有重要意义，水稻芽种流动性的大小可用静止角和自流角两个指标来表示。

2.3.3.1　静止角

静止角又称自然休止角，当稻种从一定高度自由下落时，就会形成一个圆锥体，圆锥体的斜面母线与其水平底面的夹角即静止角或称自然休止角。稻种的静止角是稻种群体内种粒间摩擦阻力的表现，它与稻种的含水率有直接关系[77-78]。

（1）试验方法

在水稻芽种含水率分别为 21%、23%、25%、27%、29%条件下，随机选取经过发芽处理的'龙粳 26'、'垦鉴稻 6'、'空育 131'、'垦稻 12'的芽种各 5 份装入漏斗中进行测量。稻种静止角测量仪如图 2-6 所示。

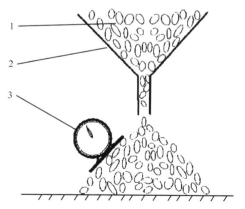

图 2-6　水稻芽种静止角测量仪示意图

1.物料；2.漏斗；3.角度仪

(2)试验数据结果分析

'龙粳 26'、'垦鉴稻 6'、'空育 131'、'垦稻 12'的芽种静止角随含水率的变化规律如图 2-7 所示。由图 2-7 可知，水稻芽种的静止角均随含水率的增加而增加，增加幅度较大，在稻种含水率为 25%的条件下，上述 4 个水稻品种的芽种静止角主要分布在 43°～49°，静止角由大到小的水稻品种顺序是'垦稻 12'、'空育 131'、'垦鉴稻 6'、'龙粳 26'。

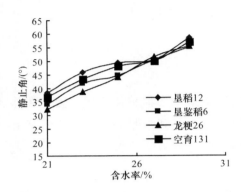

图 2-7　水稻芽种静止角随含水率变化的关系曲线

(3)静止角分析

为了解含水率(A)、品种(B)两因素对静止角的影响程度，利用软件 DPS 进行双因素无重复试验统计分析。结果如下。

F_A=80.17＞$F_{0.05}$(4,12)=3.26　　显著

F_B=20.03＞$F_{0.05}$(3,12)=3.49　　显著

分析结果表明，品种、含水率对水稻芽种静止角的影响均显著。

2.3.3.2　自流角

水稻芽种从斜面上开始自动滚下时，斜面与水平面的夹角称为自流角，又称为滑动摩擦角。稻种的自流角与稻种的形状、大小、含水率等因素有关[77-78]。

(1)测量方法

在水稻芽种含水率分别为 21%、23%、25%、27%、29%条件下，随机选取经

过发芽处理的'龙粳 26'、'垦鉴稻 6'、'空育 131'、'垦稻 12'的芽种各 100 粒，将其放置在材质为聚碳酸酯的稻种滑动摩擦角测量装置上，装置结构如图 2-8 所示。当开始测量时，慢慢抬起倾斜板，当稻种大部分即将滑动时，记下角度仪的读数。

(2)试验数据结果分析

'龙粳 26'、'垦鉴稻 6'、'空育 131'、'垦稻 12'的芽种自流角在不同含水率下的变化规律如图 2-9 所示。由图 2-9 可知，芽种的自流角均随含水率的增加而增加，增加幅度较大，当含水率由 21%增加到 29%时，芽种自流角随水率增加而增大，当芽种含水率为 25%的条件下，上述 4 个水稻品种芽种自流角主要分布区为 33.23°～38.56°，自流角由大到小的水稻品种顺序为'空育 131'、'垦鉴稻 6'、'垦稻 12'、'龙粳 26'。

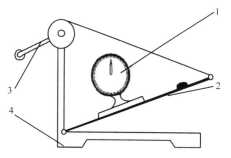

图 2-8 水稻芽种自流角的测量装置

1. 角度仪；2. 倾斜板；3. 摇臂；4. 底盘

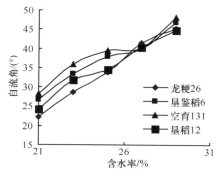

图 2-9 水稻芽种自流角随含水率变化的关系曲线

(3) 自流角分析

为了解含水率(A)、品种(B)两因素对自流角的影响程度,利用软件 DPS 进行双因素无重复试验统计分析。结果如下。

F_A=40.015＞$F_{0.05}$(4,12)=3.26　　显著

F_B=3.32＜$F_{0.05}$(3,12)=3.49　　不显著

上述结果表明,品种对自流角的影响不显著,含水率对自流角的影响显著。

通过对 4 个品种稻种静止角和自流角的分析,表明当稻种含水率为 25%时,静止角由大到小的水稻品种顺序是'垦稻 12'、'空育 131'、'垦鉴稻 6'、'龙粳 26';自流角由大到小的水稻品种顺序为'空育 131'、'垦鉴稻 6'、'垦稻 12'、'龙粳 26'。综合以上分析,流动性最差的水稻品种为'空育 131',因此本书选择水稻品种'空育 131'作为试验材料研究机械式水稻植质钵盘精量播种装置的充种、投种过程。

2.3.4　水稻芽种硬度

水稻芽种硬度以单粒水稻芽种所能承受的最大正压力来表示,单位:N。水稻芽种的硬度与水稻芽种角质胚乳的比例成正相关,而与水稻芽种的含水率成反相关,若种芽受到损伤,则其生长能力受到影响,进而影响水稻芽种的出苗率,因此在设计播种装置结构元件时,必须预知水稻芽种的硬度,即水稻芽种所能承受而不至于影响出芽率的极限载荷 [77-78]。

2.3.4.1　试验指标

$$发芽率 = \frac{继续发芽稻种数}{样本总数} \times 100\%$$

2.3.4.2　判定水稻芽种损伤的方法

物料的机械损伤有的可以从表面观察出,但处于生长阶段的农业物料,有时其表面并没有损伤,但是其内部结构已经受到伤害,已经影响到了生物体的活性,

水稻芽种为处于生长时期的生物体，此时就不能简单地以外表的损伤与否来判断物料的机械损伤。基于上述分析，本书根据同行研究的经验[72-75]，水稻芽种损伤的主要判定依据是水稻芽种受损伤后能否在同样环境下继续生长，如果在相同环境下，水稻芽种能够继续生长，则判定为没有损伤；如果不能继续生长将判定为损伤。方法具体过程如下：将受力后稻种 100 粒，放在与原来相同环境下，用原来相同的方法催芽，观察催芽情况，查出没有继续发芽的水稻数量，重复 3 次，取平均值。

2.3.4.3   试验设备

数显式推拉力计如图 2-10 所示。该机具有控制系统可输出最大力值、伸长率、最大拉力强度、定力伸长、定伸长力值、屈服强度，可单点调速也可无极调速，屏幕显示典型试验结果及力-位移曲线，峰值保持、拉断停机等功能，而且具有上下限位、过载、撞车等多种保护功能，采用高性能直流伺服系统；控制精度高，运行稳定，可做拉伸、压力、撕裂、剪切、剥离试验等指标，能够完成各种材料的拉力、撕裂、剥离、黏接力、抗力等物理特性的测量。

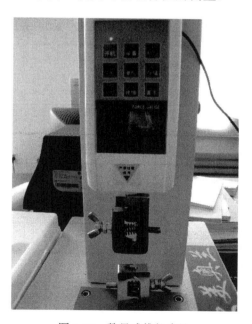

图 2-10   数显式推拉力计

2.3.4.4　试验数据结果分析

在稻种含水率为25%条件下,分别将'龙粳26'、'垦鉴稻6'、'空育131'、'垦稻12'的芽种分为5组,每组50粒,利用数显式推拉力计对稻种分别施加10N、15N、20N、25N、30N、35N、40N、45N的压力,然后继续对其进行培养,得出稻种继续生长所占的百分率,即发芽率,如图2-11所示。由图2-11可知,当施加压力小于20N时,稻种的发芽率为100%;当施加压力超过20N,但小于25N时,一小部分稻种由于受到损伤,不能发芽,稻种的发芽率开始下降,此时最低发芽率为95%;当施加压力超过30N后,稻种发芽率随着施加压力的增加迅速降低;当施加压力为40N时,稻种的发芽率最低降到了25%;当施加压力为45N时,稻种的最低发芽率为6%。可见,稻种的极限载荷为25N。

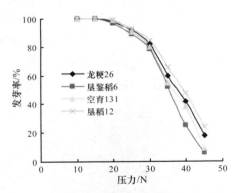

图2-11　稻种所受压力对发芽率的影响曲线

2.4　小结

本章以黑龙江省常用水稻品种:'龙粳26'、'垦鉴稻6'、'空育131'、'垦稻12'为研究对象,对影响稻种播种的物理特性进行研究,结果如下。

(1)稻种的三轴尺寸均随含水率的增加而增加,当稻种含水率为25%,4个品种稻种厚度主要分布在 2.1～2.7mm,宽度主要分布在 3.2～4.2mm,长度主要分布在6.2～7.4mm。

(2)稻种的千粒重随含水率的变化规律相似,均随含水率的增加而增加,当含水率为 25%时，稻种千粒重主要分布在 34～41g。

（3）稻种静止角、自流角均随含水率的增加而增加，当含水率为 25%时，稻种静止角主要分布在 43°～49°，稻种自流角主要分布在 33.23°～38.56°，稻种流动性最差的品种为'空育 131'。

（4）当稻种含水率为 25%的条件下，稻种极限载荷为 25N，该问题的解决为投种过程动力学分析及性能指标中损伤率的判定提供了理论依据。

3 水稻钵盘精量播种试验台的设计

3.1 钵盘的结构尺寸

根据插秧机进给尺寸及秧箱宽度尺寸，考虑秧盘浸水膨胀率，确定秧盘的长度和宽度尺寸。要想育出壮实的钵苗，钵穴的空间要足够大，确定钵盘厚度，根据加工工艺选择圆形钵孔，即秧盘整体尺寸长×宽×高为 560mm×265mm×22mm，壁厚 3mm，钵孔为 29×14=406 穴，钵孔直径为 17.8mm，中心距为 20.1mm。根据植质钵育栽植要求，使栽植分秧时保持完整的秧钵，秧盘穴钵为经纬排列形式。秧盘具体形态及尺寸设计如图 3-1 所示。

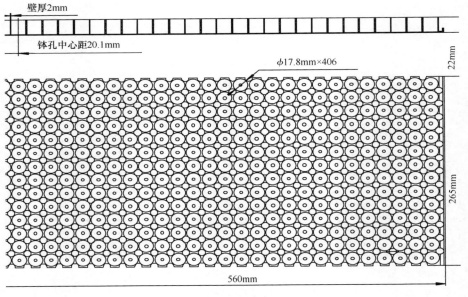

图 3-1 钵育秧盘

3.2　水稻钵盘育秧播种的农艺要求及播种装置的设计原则

3.2.1　水稻钵盘育秧播种的农艺要求

通常穴播量指标为：常规稻 2～5 粒、空穴率小于 4%、播种合格率大于 85%、损伤率 2%。

3.2.2　排种器设计原则

1）播种均匀稳定，能达到播量的精确。

2）播种过程不损伤稻种。

3）通用性好，能播多种作物。

4）机构工作性能可靠性强、结构调节方便，残种容易排除。

3.3　水稻植质钵盘精量播种试验台工作原理

水稻植质钵盘精量播种试验台由种箱、电动机、传动机构、排种装置等组成，其三维图如图 3-2 所示。工作原理：播种前将准备好的秧盘放置苗盘架处。播种

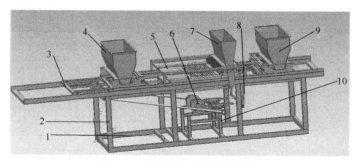

图 3-2　播种试验台的结构简图

1.电机座；2.机架；3.推盘组合；4.表土箱；5.播盘组合；6.传动轴组合；
7.种箱组合；8.推杆组合；9.底土箱；10.支撑架

机的动力来自电动机，送电后，电动机带动主动链轮，由传动链传至从动链轮到达减速器，通过减速器减速后传动到曲柄，这时由曲柄滑块机构来完成推盘及播种工作。推盘过程是由曲柄通过推盘连杆带动推盘板来完成的，随着曲柄的运动实现苗盘的连续进给。播种过程是曲柄带动推盘连杆通过种箱推杆来实现，种箱往复运动一次，完成充种，这时依靠凸轮推动推杆并带动翻板拉杆使翻板迅速打开，稻种落入秧盘中，完成一次整盘播种。

3.4   主要部件设计计算和参数确定

3.4.1   型孔板的设计

型孔板属于重要的分离元件，分离元件因排种器的对象不同、性质不同、功能不同而形式多样，机械式稻种分离元件有圆柱形孔、圆锥形孔、倒角圆柱形孔、椭圆形孔、盆形窝眼孔等。型孔的形式、容积、稻种在型孔中的排列状态和稳定程度，以及所播稻种的形状、尺寸都直接影响播种量的精确性，具体设计如下。

(1)型孔板材料的确定

考虑型孔板实际加工的要求，选择聚碳酸酯为型孔板材料，因为在温差很大的范围内，其力学性能稳定，几何尺寸不受影响，另外易加工，就有很好的耐冲击性。

(2)型孔形状的设计

合理的型孔形状是保证水稻精量播种的关键。对于机械式分离(囊种)元件，它是型孔的容积去囊括稻种的体积，两者不仅存在着外表形状的相似性，而且存在着体积的宽容性。为此，任何一个具体分离元件的设计都应建立在对分离对象即稻种的形状尺寸的调查测定的基础上。根据稻种的外形尺寸，本设计首先对同样面积、同种材质、不同形状的型孔分别进行了预试验，在预试验过程中型孔形状主要选择了正方形、圆形及三角形三种形状，试验方案如图3-3所示。

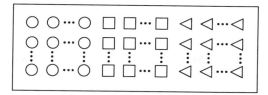

图 3-3 型孔的形状及分布示意图

通过预试验得出：型孔形状为方形结构时，每个孔穴内充填的稻种 4 粒水稻较多；型孔形状为圆形结构时，每个孔穴内充填的稻种 3 粒水稻较多；而型孔形状为三角形结构时，每个孔穴内充填的稻种 1 粒较多，将每种情况的稳定性进行对比。从单因素的方差表可得：当选定 α =0.01，$F>F_{0.01}(2，34)$ =5.31，除了随机因素的干扰外，三种形状的稳定性存在特别显著的差异，从三个水平的均值可得圆形的稳定性明显好于方形和三角形，因此型孔选圆形孔。

（3）型孔的设计

1）稻种囊入型孔状态的概率分析。

稻种在囊入型孔时，型孔厚度与稻种的尺寸有关。通过试验发现，型孔厚度过大，稻种间相互作用的影响就会很大，型孔内稻种的数量就难于控制；型孔厚度过小，型孔内的稻种就会由于种箱的移动而把稻种带离型孔而影响型孔内稻种的数量，也就是型孔厚度会影响型孔的囊种能力。可见，型孔的尺寸取决于稻种的形状，另外，稻种依靠重力下落或翻滚过程的运动状态与其本身重心的分布有关，试验表明，"平躺"、"侧卧"及"竖立"的运动状态概率是不同的。可见，由于水稻三轴尺寸之间的差异，稻种囊入型孔的状态不同，总体分布的体积则不同。通过水稻芽种的几何尺寸分析表明稻种形状近似纺锤体，它的"平躺"、"侧卧"和"竖立"状态的投影近似椭圆形。其面积公式分别为：

$$S_T = \frac{\pi lb}{4} \qquad S_W = \frac{\pi la}{4} \qquad S_S = \frac{\pi ab}{4} \qquad (3\text{-}1)$$

式中，l、b、a——稻种的长、宽、厚；

S_T——稻种"平躺"面积；

S_W——稻种"侧卧"面积；

S_S——稻种"竖立"面积。

稻种的状态可能是"平躺"、"侧卧"、"竖立"三种可能，假设稻种质量重心正好位于其对称中心，而且稻种在播种箱内及经毛刷轮刷过后自由下落到型孔板的型孔内，在这些条件下求稻种以"平躺"、"侧卧"、"竖立"等方式囊入型孔的频率。

在上述假设条件下，稻种从上面掉到型孔内的状态频率，与其本身的"平躺"、"侧卧"、"竖立"状态的截面积成正比，即

$$\frac{P_T}{P_W}=\frac{S_T}{S_W} \qquad \frac{P_T}{P_S}=\frac{S_T}{S_S} \qquad \frac{P_W}{P_S}=\frac{S_W}{S_S} \tag{3-2}$$

式中，P_T——稻种"平躺"概率；

　　　P_W——稻种"侧卧"概率；

　　　P_S——稻种"竖立"概率。

根据稻种的实际尺寸，通过计算可得出，稻种运动状态的概率值从大到小的顺序为：$P_T>P_W>P_S$。可见，当稻种依靠重力下落或翻滚运动时主要以"平躺"和"侧卧"为主。

2) 型孔厚度的设计。

稻种是靠种箱和型孔板的相对运动及自身重力囊入型孔的。为保证精度，使稻种数量控制在 2~5 粒，必须提供适当的囊入空间，囊入空间的方案有两种：一种是靠增加厚度减少型孔直径，如图 3-4a；另一种是增加型孔直径而减少型孔厚度，如图 3-4b。

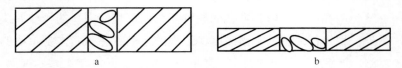

图 3-4　型孔方案

图 3-4a 方案型孔直径小，厚度的增加，第一层囊入过程的轨迹增长，使囊入时间增加，这样就会直接影响第二层稻种的囊入过程，充种率将无法保证。对于投种过程也会有影响，增加了投种轨迹，而且稻种很容易出现架空现象，另一方面，该方案口径小，通过稻种依靠重力下落或翻滚运动的概率分析知，稻种主要以"平躺"和"侧卧"为主，而当水稻处于"平躺"和"侧卧"状态进入型孔时，必然会出现架空现象，投种过程由于口径小，也会出现架空现象。因此此方案不佳。图 3-4b 方案对比图 a 方案，型孔直径的增加使得与稻种的接触机会增加，使得囊入效果要明显好于第一种，并将使得清种舌的作用得到充分发挥。结合实际情况，一般不易超过 2 层厚度，因为型孔的厚度超过两层稻种的厚度，稻种在型

孔内的情况难以控制，所以要求型孔内只能稳定放入一层稻种，这样稻种间的相互作用就不会对型孔内的稻种数量有明显的影响，因此选用第二种方案进行研究。根据第二章水稻芽种的三轴尺寸，型孔厚度最小值确定为 3mm。

3) 型孔直径的设计。

由于水稻品种的多样性及在型孔内稻种状态的不确定性，在实际充种过程中，水稻芽种在重力场运动时有"平躺"、"侧卧"和"竖立"三种状态，稻种处于"竖立"状态时与型孔板接触面积最小，稻种处于"平躺"和"侧卧"状态时与型孔板接触面积最大，因此型孔板的直径最低要容纳 3 粒分别处于设"平躺"、"侧卧"和"竖立"状态的稻种，其中"竖立"状态的稻种分布状态如图 3-5a，而"平躺"、"侧卧"两种状态水稻稻种与孔的接触长度是相同的，在孔内的分布情况如图 3-5b，现具体分析如下。

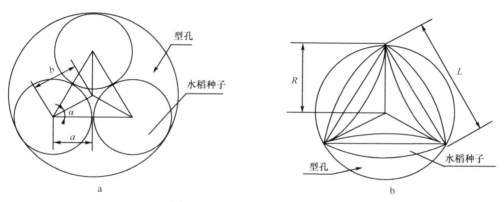

图 3-5   型孔内三粒稻种的状况
a. "竖立"的状况；b. "平躺"和"侧卧"的状况

当水稻处于"竖立"时，通过第二章水稻芽种物理特性的分析知，水稻芽种的厚度和宽度相近，因此当水稻"竖立"时，可将水稻横断面看成圆形，分布如图 3-5a 所示，如根据稻种的几何分布关系得：

$$b = \frac{a}{\cos 30°} \tag{3-3}$$

$$d = 2(b + a) \tag{3-4}$$

式中，a——水稻中心到水稻相切的距离；

b——型孔中心到水稻中心的距离；

d——型孔直径。

长粒水稻芽种厚度分布范围主要在 1.56～2.23mm 之间；短粒水稻芽种厚度分布范围主要在 2.10～2.86mm 之间，因此型孔直径取值范围为 6.72～12.32mm。

当水稻处于"平躺"和"侧卧"时，根据稻种的几何分布关系，由图 3-5b 得：

$$d = \frac{2L}{\sqrt{2 - 2\cos\theta}} \tag{3-5}$$

式中，L——水稻长度；

d——型孔直径；

θ——水稻长度对应的圆心角，图中 θ 角是 120°

长粒水稻芽种长度主要分布范围在 7.72～8.60mm 之间；短粒水稻芽种长度主要分布在 6.71～7.20mm 之间，因此型孔直径取值范围为 7.74～9.93mm。

4）型孔个数的确定。

本播种机的设计是针对于植质钵育秧盘设计，所以型孔个数与秧盘孔的数量一致。试验所用秧盘孔数为 29×18，因此型孔的个数设定为 29×18，且均匀分布。

3.4.2　刮种器的设计

机械式水稻钵盘精量播种器排种器不仅能够解决气吸式播种装置对不同稻种播种参数设置差异较大、无法满足不同品种的水稻育秧播种要求等问题，而且与其他机械式播种装置相比，具有排种均匀性高、伤种率低等比较优势。该排种器在工作过程中，通过机械装置和稻种自重来实现充种、投种、清种等环节，因为稻种形状不规则，稻种被填充到型孔中时可能出现不能将型孔完全填满，或有多粒稻种充填的情况。因此，为了使每个型孔只充填 2～5 粒稻种，就需设置一个合理的刮种机构来清除多余的稻种，以达到农艺要求。目前现有的刮种器主要以杠杆式和星轮式为主，其工作原理主要是利用弹簧弹力的变化控制稻种运动，但目前存在的问题是由于稻种自身的差异，弹簧弹力大小控制效果并不理想，尤其对于破胸水稻稻种来说，含水率高、脆性大、强度低，播种过程易损失，因此，研究合理的刮种器形式及结构参数对降低稻种的损伤率和提高充种率，对精量播种技术的发展和型孔转板式排种器在实际生产中的应用具有重要的理论价值和现实意义。

（1）试验方法

当水稻浸种后芽长 1～2mm 时，摊平、晾晒，测量芽种的含水率，由于含水率太高，芽种之间相互作用以及芽种和播种器表面之间的摩擦力增大，抗损伤能力降低。因此当含水率达到23%时，利用千分尺测量其三轴尺寸，随机取样，样本容量100粒，计算其平均粒尺寸，并开始播种试验。

(2)稻种囊入型孔的状态分析

在没有刮种器的条件下，进行型孔转板式播种器充种试验，通过试验对稻种分布情况进行统计，发现在型孔的边缘存在一定数量的稻种没有充入型孔且芽种充种率很低，只达到60.5%，重充率占20.4%，单粒率14.5%，空穴率占4.6%。因此刮种器的设计对于提高排种器充种过程的性能指标有重要的价值。

通过试验分析表明，刮种器的作用主要是将型孔板上的稻种充填到型孔内和将型孔内多余的稻种带出型孔，因此刮种器的设计需要对稻种囊入型孔的状态进行分析，通过分析可总结出以下几种情况。

1) 当稻种落到型孔间板上，如图3-6。

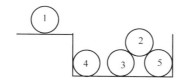

图3-6　芽种落入型孔板上的状态

2) 当稻种落入型孔内，如图3-7。其中图3-7a表示型孔已被5粒稻种全部塞满，第6粒稻种很容易地被清走；图3-7b表示有6粒较小的稻种落入型孔内，其中一粒露出了较大部分，它需要被刮种器推动，推至型孔后壁，然后再由刮种器刮走；图3-7c表示在型孔内落入6粒小的稻种，而上面的一粒稻种只露出一小部分，这粒稻种被刮种器推向型孔后壁，再由刮种器刮走。在以上3种情况下，要把稻种清除，就会损伤稻种，因此刮种阶段存在着既要刮去多余稻种又不能损坏芽的矛盾，这就要求刮种器有一定的刚度和弹性。

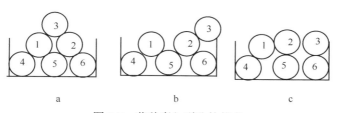

图3-7　芽种囊入型孔的状态

(3)刮种器的总体设计

刮种器主要由轮毂、毛刷固定器、刷毛等组成，其结构示意图如图 3-8 所示。

1）为使得残余稻种易于清理，又由于猪鬃具有耐潮湿，且不易变形、富有弹性等特点，因此设计了梳理部件，其材料主要成分为猪鬃。

2）传动方式采用齿轮齿条传动，实现了刷种轮的既移动又转动。

3）为了提高填充率，在种箱两侧分别安装刷种轮，充种过程往复移动一次，轮流转动起刷种作用。

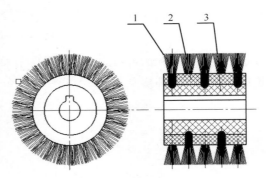

图 3-8　刮种器结构示意图
1. 刷毛；2.毛刷固定器；3. 轮毂

(4)刮种器类型的确定

目前常见的形式有刮种板式、刮种刷式、刷种轮式。①刮种板式主要依靠控制弹簧弹力，实现稻种运动的控制，但目前弹力的控制是该刮种器的难点，因此效果不理想；②刮种刷式刮种器主要依靠刮种刷的柔性实现稻种的运动，但由于刮种刷的自身特点如易磨损、拔毛、变形而作用效果不理想；③刷种轮式刮种器主要靠刷种轮的移动、转动完成推、刮，稻种损伤小，在完成充种的同时又把多余的稻种清除。

综合比较表明刷种轮式刮种器在水平移动的同时转动，刷毛可较容易地将多余的稻种刷去，既能保证充填率，又不损伤稻种，因此本设计的刮种器采用刷种轮式。

(5)充种时刮种器的研究

充种时刷种轮主要的任务是将板上的稻种推进型孔，设稻种为圆形，且忽略稻种间的相互作用，对其进行受力分析如图 3-9 所示。由图可知，稻种在水平方向和垂直方向受力方程可分别表示为：

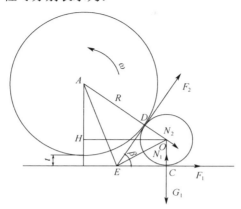

图 3-9 刷种轮与水稻的位置和受力分析图

$$\sum F_x = F_1 + F_{N2}\sin\beta + F_2\cos\beta \tag{3-6}$$

$$\sum F_y = +F_2\sin\beta + F_{N1} - F_{N2}\cos\beta \tag{3-7}$$

$$F_1 = F_{N1}f_{s1} \tag{3-8}$$

$$F_2 = F_{N2}f_{s2} \tag{3-9}$$

式中，f_{s1}、f_{s2} 为水稻稻种分别与型孔板和刷种轮的摩擦系数。

稻种能够向前运动的条件是：

$$\sum F_x > 0 \tag{3-10}$$

如果 $\sum F_y = 0$，表明稻种竖直方向受力为零，在竖直方向保持静止，运动方向为水平运动，与型孔板之间摩擦力较低，稻种容易受到损伤；如果 $\sum F_y > 0$，表明稻种水平和竖直两个方向合力均不为零，稻种既有水平方向的运动，又有竖直方向的运动状态，整体运动为抛物线运动轨迹，稻种与型孔板间摩擦力较小。

将 $\sum F_y > 0$ 与公式 (3-6)～(3-10) 联立得：

$$f_{s2}(f_{s1}\sin\beta - \cos\beta) < f_{s1}\cos\beta + \sin\beta \tag{3-11}$$

设稻种分别与型孔板和刷种轮的摩擦角为 φ_1、φ_2，则有

$$\tan\varphi_1 = f_{s1} \tag{3-12}$$

$$\tan\varphi_2 = f_{s2} \tag{3-13}$$

将公式 (3-12)、(3-13) 代入公式 (3-11) 可表示为：

$$\tan(\pi - \varphi_2) < \tan(\beta + \varphi_1) \tag{3-14}$$

由图几何关系可得：　$\Delta ABO_3 \cong \Delta ACO_3$ 则

$$\cot\frac{\beta}{2} = \sqrt{\frac{2r-\delta}{2R+\delta}} \tag{3-15}$$

将公式 (3-15) 代入 (3-14) 得：

$$R \geqslant (2r-\delta) \times \tan^2\left[\frac{\pi - \varphi_2 - \varphi_1}{2}\right] - \delta \tag{3-16}$$

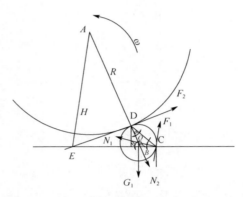

图 3-10　清种时稻种的受力分析图

(6) 清种时刮种器的研究

清种时刷种轮主要任务是将型孔内多余的稻种清走，根据稻种囊入型孔的状态分析可知，图 3-7c 为最难清理的情况，本文就以此为例进行理论分析。为了简化计算，提出如下假设条件：设水稻稻种为圆形，且忽略稻种间的相互作用，对其进行受力分析如图 3-10 所示。

若稻种先被刮种器推向型孔后壁，再由刮种器刮走且不破碎必须满足 $\sum M_C(\vec{F}) > 0$，即：

$$l_{CD}F_{s2}\cos\alpha - F_{N2}l_{CD}\sin\alpha - G_1 r > 0 \tag{3-17}$$

由几何关系可知：

$$l_{CD} = 2r\cos\alpha \tag{3-18}$$

$$\theta = 2\alpha + \gamma \tag{3-19}$$

$$\sin\gamma = \frac{r-(6-2r)}{r} \tag{3-20}$$

在三角形 BDE 中，　　　　　$l_{DE} = l_{DB}\tan\theta \tag{3-21}$

在三角形 ADE 中，　　　　　$l_{AD} = l_{DE}\cot\frac{\beta}{2} = R \tag{3-22}$

$$F_{N2} = m_2 a_n = m_2 \omega_2^2 R \tag{3-23}$$

$$F_2 = F_{N2} f_{s2} \tag{3-24}$$

将公式(3-12)～(3-14)、(3-18)～(3-24)代入公式(3-17)得：

$$R \leqslant \frac{m_1 g}{\omega^2 m_2 (2\cos^2 \alpha \tan \varphi_2 - \sin 2\alpha)} \tag{3-25}$$

式中，根据试验测得：

稻种与型孔板之间的摩擦系数 $f_{s1} = 0.5$，故 $\varphi_1 = 26.5°$；

稻种与刷种轮之间的摩擦系数 $f_{s2} = 0.7$，故 $\kappa_2 = 30.96°$；

刷种轮重量取 $m_2 = 0.056 \text{kg}$；

芽种质量取 $m_1 = 0.004 \text{kg}$，由于芽种充入型孔时平躺和侧卧的概率较大，而水稻宽度和厚度尺寸相差不多，因此此半径取芽种平躺和侧卧的平均值，即半径 $r = 1.6mm$；

刷种轮转速 $\omega = 50r / \min$；

刷种距离 $\delta = 3mm$。

将相关参数代入公式(3-17)、(3-25)得：$53\text{mm} \geqslant R \geqslant 3.15\text{mm}$，取刷种轮半径为 39mm。

(7)刷种高度的试验研究

1)试验条件。

型孔形状为圆形、型孔直径为 10mm、型孔厚度 4mm，稻种含水率 23%，水稻品种为空育 131，刮种器转速 50r/min，刷种高度为 0mm、1mm、2mm、3mm、4mm、5mm。

2)试验结果与分析。

试验数据表明该排种器充种过程每穴充填稻种数量为 2～6 粒不等，对每穴芽种数量进行统计分析，结果如图 3-11 所示。图 3-11a 可知，随着刷种高度的提高重充率逐渐增加，当刷种高度为 0mm 时，重充率为 0.35%，而刷种高度为 5mm 时，重充率增加到了 3.2%，增加幅度较大，说明在充种过程中，刷种高度对重充率影响较大；图 3-11b 可知，随着刷种高度的变化，充种率降低，其中有一定的波动，刷种高度在 0～3mm 变化时，降低幅度较缓慢，当由 3～4mm 降低幅度较大，当刷种距离为 5mm 时，充种率开始增加，增加幅度较小；图 3-11c 可知，随着刷种高度的提高损伤率降低，刷种高度在 0～3mm 变化时，降低幅度较快，当刷种距离在 2~5mm 变化时，降低幅度变小。结果表明，刷种高度太小，损伤率增加，刷种高度太大，充种率增加，综合考虑得出较优的刷种距离为 3mm。

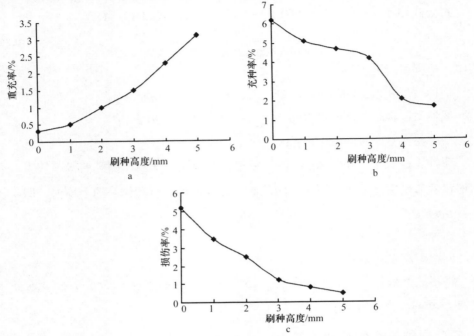

图 3-11　重充率(a)、充种率(b)和损伤率(c)随刷种高度变化的关系曲线

(8)刮种器性能试验研究

1)试验条件。

型孔形状为圆形、直径为 10mm、厚度 4mm，稻种含水率 23%，刮种器转速 50r/min，刷种高度为 3mm。

2)试验数据统计及分析。

试验结果如表 3-1 所示，由数据知，充种率 93%，重充率 3%，单粒率小于 3%，损伤率控制在 2% 以下，这就意味着刮种器刮种效果显著。

表3-1　试验数据统计

试验序号	充种率%	空穴率%	重充率%	单粒率%	损伤率%
1	93.1	0	2.6	2.5	1.8
2	93.5	0	2.3	2.6	1.6
3	92.9	0	2.8	2.8	1.5
平均值	93.18	0	2.56	2.63	1.63

3.4.3 翻板结构的设计

现有水稻钵盘精量播种机效果并不理想，存在空穴、磕种、夹种的现象，主要原因是在排种的过程中，稻种受机械的压力所造成的，如果能够避免这一过程，机械式的播种机就能发挥其优越性。植质钵育型孔式秧盘播种机的排种机构为了避免这种现象设计了翻板式的结构，很好地避免机械磕种问题，其结构如图 3-12 所示，加工简单，各个工位安装调整比较容易，容易推广。

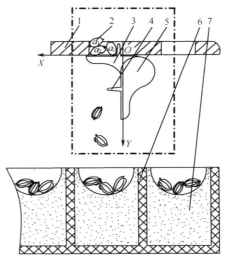

图 3-12 投种过程示意图
1.型孔板；2.稻种；3.翻板；4.清种舌；5.转轴；6.秧盘；7.营养土

由于播种机的设计是进行芽播，在实际播种时，部分湿种会粘连在翻板上，不能保证顺利投种。为了改善投种的状况，提高投种的精度，在翻板上设计了清种舌，在充种与投种过程中，清种舌起到了非常重要的作用。在充种时，清种舌避免了种箱内出现架空现象，使充种率得到保证；在投种时，在型孔内稻种也容易出现架空而不能顺利落下，而清种舌在翻板打开的过程中对稻种有碰撞，会使稻种顺利下落，从而保证了投种率。清种舌的设计过程中，首先将清种舌的位置设计在翻板靠近转板一侧边缘上，形状为圆柱形，经试验在投种过程中，有部分稻种飞离较远，出现该现象的原因是翻板过程清种舌与稻种瞬间出现挤压对峙，翻板打开后稻种飞离，主要原因是清种舌与与翻板平面成 90°造成的，在出现挤压对峙现象时，没有缓冲，而对比在翻板过程中没有出现这种现象的稻种，清种舌的拨动力大许多。如果能在这瞬间缓解这种现象，就能解决部分稻种飞离较远的情况。在本次设计时，将清种舌设计成圆锥体，如图 3-13 所示，稻种顺利下落。

3.4.4　压实轮的设计

按照农艺要求，钵育秧底土的深度应占钵高的 2/3，这样才能有效地确保水稻稻种的发芽，秧苗栽植之前其根系的生长及提供秧苗充足的养分。因此设计了压实机构，主要由齿轮和压实辊组成，其横截面上指状齿的分布和齿轮同步，呈刚性连接，并随齿轮转动而同步运动。结构示意图 3-14 所示。该机构可完成压实底土的作用，实现了播种深度一致的目标。

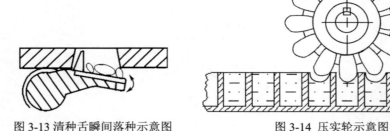

图 3-13 清种舌瞬间落种示意图　　　　　　　　图 3-14　压实轮示意图

3.4.5　种箱的设计

种箱设计的要求是稻种下落时流动性好，不能出现架空的现象，为了保证稻种下落的速度，首先研究稻种在种箱内的压力分布与稻种堆积高度、堆积面积尺寸的关系。因为在研究散粒体压力传递结构的基础上，可以确立稻种通过容器出口流出过程的规律，找出水稻稻种流出时架空的形成和消失的条件。具体方法如下：

（1）水稻稻种在容器内堆放时对箱底和侧壁的压力传递

稻种在种箱内堆积的过程忽略稻种的变形及稻种之间尺寸的差别，设稻种为绝对刚体，具有相同尺寸和质量，具有内摩擦和外摩擦特性，根据上述假设条件建立稻种的模型，并研究其压力传递结构和成拱现象。

稻种可能采取两种堆放状态：其一是稻种重心位于相互垂直的直线上，其二是稻种重心位于倾角为 β 的直线上，稻种间相互堆放的最稳定状态是当其占据面积为最小值时。根据上述情况分别对不同点接触的稻种堆放图，如图 3-15。

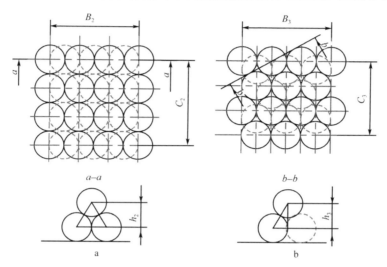

图 3-15　种子受力分析

图 3-15a 为两点接触堆放：

通过平衡方程得

$$P_2 = \frac{mg}{2\sin\alpha}$$

水平分量和竖直分量表示为：

$$P_{2x} = \frac{1}{2}mg\cot\alpha \quad P_{2y} = \frac{1}{2}mg$$

图 3-15b 为三点接触：

同理可求

$$P_3 = \frac{mg}{3\sin\alpha} \quad P_{3x} = \frac{1}{3}mg\cot\alpha \quad P_{3y} = \frac{1}{3}mg$$

以此类推等 n 点接触时

$$P_n = \frac{mg}{n\sin\alpha} \quad P_{nx} = \frac{1}{n}mg\cot\alpha \quad P_{ny} = \frac{1}{n}mg$$

求和得：

$$\sum P_i = \sum \frac{mg}{k \sin \alpha} \tag{3-26}$$

$$\sum P_x = \frac{1}{k} Nmg \cot \alpha \tag{3-27}$$

$$\sum P_y = \frac{1}{k} Nmg \tag{3-28}$$

式中，N 为沿堆放线上的稻种数。

对每层稻种求 P_x 和 P_y 之和，P_x 随堆放高度的加大而增长，但增长到一定高度即不再增加。此高度取决于沿堆放线排列的稻种数，即 P_x 增长的极限高度 H 可由下式表示，

$$H = \frac{B}{\cot \alpha}$$

设稻种的堆放高度为 H，容器底边宽度为 B，稻种直径为 d，则用 H、B、b 来表示

$$\sum P_{kx} = \frac{mgB}{kd \sin \alpha} = \frac{mgB}{kdH / \sqrt{B^2 + H^2}} \tag{3-29}$$

$$\sum P_{ky} = \frac{mg}{kd / \sqrt{B^2 + H^2}} \tag{3-30}$$

轴向压力与侧向压力的相互关系可表示为：

$$P_y = P_x \tan \alpha$$

(2)散粒体流出时架空的形成和消失

研究流出过程从其最初发生时开始。流出发生前作用在稻种上的压力为 P_x 和 P_y。架空一般发生在小的出口，原因如下：散粒体只有在通过直径不大的孔时才形成架空。架空恰恰发生在箱底和侧壁上压力增大或保持平衡的区域。为了避免架空现象即 $P_y > P_x \tan \phi$，经过变换得：

$$\phi > arx \tan \left(\frac{1}{2} \tan 2\alpha \right) \tag{3-31}$$

由此可得稻种通过出口的条件是，稻种堆放角的正切必须大于内摩擦角的正切，确定 $\phi = 10°$。根据上述理论条件，结合型孔板的宽度，本设计的种箱结构如图 3-16 所示，为了定期向型孔板内填充定量稻种，设计了挡板，型孔板在限位器的作用下，限位打开种箱，向其内充种。

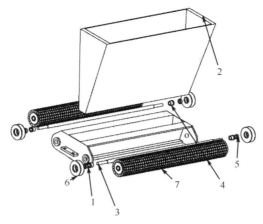

图 3-16 种箱的示意图

1.种箱座；2.种箱；3.毛刷轮轴；4.轴套；5.间隔套；6.支撑轮；7.毛刷轮；8.齿轮

3.4.6　铺/覆土部分的设计

按照农艺要求，钵育秧底土的深度应占钵高的 2/3，这样才能有效地确保水稻稻种的发芽，秧苗栽植之前其根系的生长及提供秧苗充足的养分，本设计的覆土箱由转板轴、土箱、转板、压滚轮、压力杆等部分构成，结构示意图如图 3-17。该机构实现了在播种过程铺、覆土部分。

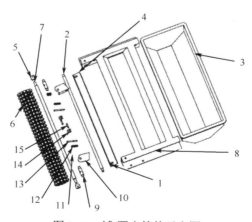

图 3-17　铺/覆土箱的示意图

1.转板支座；2.转板轴；3.土箱；4.转板；5.压滚轮轴套；6.压滚轮；7.压滚轮轴；8.土箱座；9.压力杆；
10.压力杆辅座；11.压力杆挡垫；12.弹簧；13.压力杆活动芯杆；14.压力杆 U 形头；15.压力杆小轴

3.5 小结

本章根据农艺要求，利用理论和试验相结合的方法，对水稻钵盘精量播种器关键部件进行了设计，确定了压种轮、种箱、压土轮、型孔板、刮种器、翻板以及传动机构等关键部件的结构和尺寸，为研究水稻钵盘精量播种器的工作机理提供了可靠的平台。

4 机械式水稻植质钵盘精量播种装置充种机理与参数研究

4.1 机械式水稻植质钵盘精量播种装置充种原理

机械式水稻植质钵盘精量播种装置充种部件主要由种箱、型孔板、刷种轮、翻板、清种舌等组成，如图 4-1 所示。种箱位于型孔板上方做往复直线运动，种箱两侧设有刷种轮跟随其运动，在播种装置充种过程中稻种靠自身重力下落，在种箱、刷种轮的带动下，完成充种过程。

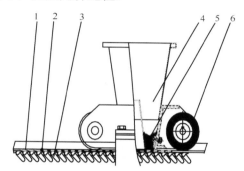

图 4-1　播种装置充种结构简图
1. 型孔板；2. 型孔；3. 翻板；4. 种箱；5. 稻种；6. 刷种轮

4.2 机械式水稻植质钵盘精量播种装置充种机理研究

4.2.1 稻种充种运动模型的建立

播种装置充种过程中稻种落入型孔的概率与型孔尺寸、稻种尺寸及稻种的运动情况有关。稻种在充种过程中一方面由于自身重力作用下落，另一方面随种箱平行移动。当稻种落到型孔表面时，随着稻种形状、速度、位置的不同，可能沿型孔表面滑动、滚动或两者兼而有之[78]。设当稻种在囊入型孔时，稻种水平速度为 v_x，垂直速度为 v_y，稻种的质量为 m，充种时间为 t，建立稻种运动的微分方程如下。

$$m\frac{\mathrm{d}x^2}{\mathrm{d}^2t}=0$$

$$m\frac{\mathrm{d}y^2}{\mathrm{d}^2t} = mg$$

初始条件：

当 $t=0$，$x=0$ 时，　$\dfrac{\mathrm{d}x}{\mathrm{d}t} = v_0$

当 $t=0$，$y=0$ 时，　$\dfrac{\mathrm{d}y}{\mathrm{d}t} = 0$

根据初始条件得 x、y 方向的运动方程如下：

$$x = v_x t \tag{4-1}$$

$$y = \frac{gt^2}{2} \tag{4-2}$$

通过稻种运动方程得稻种重心的运动轨迹：

$$y = \frac{gx^2}{2v_x^2} \tag{4-3}$$

由公式(4-3)可知，在充种过程中稻种运动轨迹为抛物线。抛物线的开口大小与种箱速度有关，种箱速度越大，抛物线开口越大，相同垂直位移条件下，稻种水平运动位移越大；种箱速度越小，抛物线开口越小，相同垂直位移条件下，稻种水平位移越小。如果种箱运动速度较快，在相同的时间内，稻种充种过程的水平位移远大于垂直位移，当稻种水平位移为型孔长度，而垂直位移达不到稻种充种状态与型孔垂直方向的一半时，则或者越过型孔或者落入型孔内已有稻种上，此时稻种重心并没有落入型孔，易被刷种轮带走，可见稻种囊入型孔时，种箱速度不能超过某一极限值。

4.2.2　播种装置充种过程稻种运动速度分析

4.2.2.1　稻种充种时间的分析

稻种囊入型孔的条件是重心落入型孔，当长度为 L、宽度为 H、厚度为 B 的稻种充入型孔直径为 d、厚度为 E 的型孔时，根据文献得知，稻种充种过程，稻种以平躺、侧卧姿态囊入型孔的概率在 85% 以上[76-77]。因此，本研究以稻种囊入型孔的姿态分别为平躺、侧卧两种状态进行分析。

（1）稻种以平躺状态囊入型孔

稻种充种情况如图 4-2a、图 4-2b 所示，根据稻种囊入型孔的条件：稻种垂直位移大于稻种的厚度，小于型孔厚度，即

$$E \geqslant y \geqslant \frac{B}{2}$$

根据稻种垂直方向运动方程：

$$y = \frac{gt^2}{2}$$

求得稻种充种时间：

$$\sqrt{B} \leqslant t \leqslant \sqrt{2E} \qquad (4\text{-}4)$$

式中，E —— 型孔厚度（mm）；

　　　B —— 稻种厚度（mm）。

（2）稻种以侧卧状态囊入型孔

稻种充种情况如图 4-2c、d 所示，根据稻种囊入型孔的条件：稻种垂直位移大于稻种的宽度，小于型孔厚度，即

$$E \geqslant y \geqslant \frac{H}{2}$$

根据稻种垂直方向运动方程：

$$y = \frac{gt^2}{2}$$

求得稻种充种时间：

$$\sqrt{H} \leqslant t \leqslant \sqrt{2E} \qquad (4\text{-}5)$$

式中，E —— 型孔厚度（mm）；

　　　H —— 稻种宽度（mm）。

由公式(4-4)、公式(4-5)可见，稻种充种时间与型孔厚度、稻种几何尺寸有关，充种时间随型孔厚度、稻种几何尺寸的变化而变化，其中稻种充种时间与型孔厚度成正比，与稻种宽度成反比。

4.2.2.2　稻种水平速度的分析

通过归类整理预试验获得的充种过程中稻种常见及特殊分布情况如图 4-2～图 4-4 所示。

(1) 型孔内没有稻种, 如图 4-2 所示

1) 第一种情况: 稻种以平躺状态囊入型孔。

当稻种长度方向与运动方向平行时, 稻种常见及特殊的充种情况如图 4-2a 所示。由图 4-2a 可知, 稻种充种过程应当满足:

$$\frac{L}{2} \leqslant x \leqslant d - \frac{L}{2}$$

将公式(4-1)、公式(4-4)代入上式得稻种水平速度:

$$\frac{L}{2}\sqrt{\frac{g}{2E}} \leqslant v_x \leqslant \left(d - \frac{L}{2}\right)\sqrt{\frac{g}{B}} \tag{4-6}$$

式中, L —— 稻种长度(mm);

　　　d —— 型孔直径(mm);

　　　g —— 重力加速度(m/s^2)。

当稻种长度方向与运动方向垂直时, 稻种常见及特殊的充种情况如图 4-2b 所示。由图 4-2b 可知, 稻种充种过程应当满足:

$$\frac{H}{2} \leqslant x \leqslant d - \frac{H}{2}$$

将公式(4-1)、公式(4-4)代入上式得稻种水平速度:

$$\frac{H}{2}\sqrt{\frac{g}{2H}} \leqslant v_x \leqslant \left(d - \frac{H}{2}\right)\sqrt{\frac{g}{B}} \tag{4-7}$$

式中, H —— 稻种宽度(mm);

　　　d —— 型孔直径(mm);

　　　g —— 重力加速度(m/s^2)。

2) 第二种情况: 稻种以侧卧状态囊入型孔。

当稻种长度方向与运动方向平行时, 稻种常见及特殊的充种情况如图 4-2c 所示。由图 4-2c 可知, 稻种充种过程应当满足:

$$\frac{L}{2} \leqslant x \leqslant d - \frac{L}{2}$$

将公式(4-1)、公式(4-5)代入上式得稻种水平速度:

$$\frac{L}{2}\sqrt{\frac{g}{2E}} \leqslant v_x \leqslant \left(d - \frac{L}{2}\right)\sqrt{\frac{g}{H}} \qquad (4\text{-}8)$$

式中，L —— 稻种长度（mm）；

　　　d —— 型孔直径（mm）；

　　　g —— 重力加速度（m/s^2）。

当稻种长度方向与运动方向垂直时，充种过程稻种常见及特殊的运动情况如图 4-2d 所示。由图 4-2d 可知，稻种充种过程应当满足：

$$\frac{B}{2} \leqslant x \leqslant d - \frac{B}{2}$$

将公式(4-1)、公式(4-5)代入上式得稻种水平速度：

$$\frac{B}{2}\sqrt{\frac{g}{2H}} \leqslant v_x \leqslant \left(d - \frac{B}{2}\right)\sqrt{\frac{g}{H}} \qquad (4\text{-}9)$$

式中，B —— 稻种厚度（mm）；

　　　d —— 型孔直径（mm）；

　　　g —— 重力加速度（m/s^2）。

由稻种水平速度公式(4-6)～公式(4-9)可知，稻种囊入型孔的水平速度与稻种的几何尺寸及型孔直径、型孔厚度均有关，稻种囊入型孔的水平速度随稻种的几何尺寸及型孔直径、型孔厚度的变化而变化。其中最大速度与稻种厚度、宽度成反比，与型孔直径成正比；最小速度与稻种宽度成正比，与型孔厚度成反比。

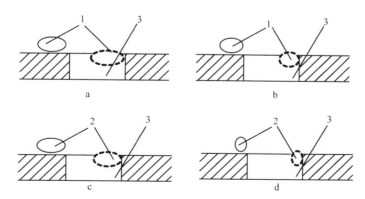

图 4-2　稻种充种情况一
1. 平躺稻种；2. 侧卧稻种；3. 型孔

(2) 型孔内已有一粒稻种，如图 4-3 所示

1) 第一种情况：型孔内已有一粒稻种处于平躺状态且长度方向与运动方向平行。

当稻种以平躺状态囊入型孔时，如果稻种长度方向与运动方向平行，稻种常见及特殊的充种情况如图 4-3a～c 所示，根据稻种囊入型孔的条件可得

$$\frac{L}{2} \leqslant x \leqslant d - \frac{L}{2}$$

将公式(4-1)、公式(4-4)代入上式得稻种水平速度：

$$\frac{L}{2}\sqrt{\frac{g}{2E}} \leqslant v_x \leqslant \left(d - \frac{L}{2}\right)\sqrt{\frac{g}{B}} \tag{4-10}$$

如果稻种长度方向与运动方向垂直，稻种常见及特殊的充种情况如图 4-3d～f 所示，根据稻种囊入型孔的条件可得

$$\frac{H}{2} \leqslant x \leqslant d - \frac{H}{2}$$

将公式(4-1)、公式(4-4)代入上式得稻种水平速度：

$$\frac{H}{2}\sqrt{\frac{g}{2H}} \leqslant v_x \leqslant \left(d - \frac{H}{2}\right)\sqrt{\frac{g}{B}} \tag{4-11}$$

当稻种以侧卧状态囊入型孔且长度方向与运动方向平行时，如果稻种长度方向与运动方向平行，稻种常见及特殊的充种情况如图 4-3g～i 所示，根据稻种囊入型孔的条件可得

$$\frac{L}{2} \leqslant x \leqslant d - \frac{L}{2}$$

将公式(4-1)、公式(4-5)代入上式得稻种水平速度：

$$\frac{L}{2}\sqrt{\frac{g}{2E}} \leqslant v_x \leqslant \left(d - \frac{L}{2}\right)\sqrt{\frac{g}{H}} \tag{4-12}$$

如果稻种长度方向与运动方向垂直，稻种常见及特殊的充种情况如图 4-3j～1 所示，根据稻种囊入型孔的条件可得

$$\frac{B}{2} \leqslant x \leqslant d - \frac{B}{2}$$

将公式(4-1)、公式(4-4)代入上式得稻种水平速度：

$$\frac{B}{2}\sqrt{\frac{g}{2E}} \leqslant v_x \leqslant \left(d-\frac{B}{2}\right)\sqrt{\frac{g}{H}} \tag{4-13}$$

2)第二种情况:型孔内已有一粒稻种处于平躺状态且长度方向与运动方向垂直。

当稻种以平躺状态囊入型孔时,如果稻种长度方向与运动方向平行,稻种常见及特殊的充种情况如图 4-3m～o 所示,根据稻种囊入型孔的条件可得

$$\frac{L}{2} \leqslant x \leqslant d-\frac{L}{2}$$

将公式(4-1)、公式(4-4)代入上式得稻种水平速度:

$$\frac{L}{2}\sqrt{\frac{g}{2E}} \leqslant v_x \leqslant \left(d-\frac{L}{2}\right)\sqrt{\frac{g}{B}} \tag{4-14}$$

如果稻种长度方向与运动方向垂直,稻种常见及特殊的充种情况如图 4-3p～r 所示,根据稻种囊入型孔的条件可得

$$\frac{H}{2} \leqslant x \leqslant d-\frac{H}{2}$$

将公式(4-1)、公式(4-4)代入上式得稻种水平速度:

$$\frac{H}{2}\sqrt{\frac{g}{2E}} \leqslant v_x \leqslant \left(d-\frac{H}{2}\right)\sqrt{\frac{g}{B}} \tag{4-15}$$

当稻种以侧卧状态囊入型孔时,如果稻种长度方向与运动方向平行,稻种常见及特殊的充种情况如图 4-3s～u 所示,根据稻种囊入型孔的条件可得

$$\frac{L}{2}+H \leqslant x \leqslant d-\frac{L}{2}$$

将公式(4-1)、公式(4-5)代入上式得稻种水平速度:

$$\frac{\frac{L}{2}+H}{\sqrt{2E}} \leqslant v_x \leqslant \frac{d-\frac{L}{2}}{\sqrt{H}} \tag{4-16}$$

如果稻种长度方向与运动方向垂直,稻种常见及特殊的充种情况如图 4-3v～x 所示,根据稻种囊入型孔的条件可得

$$\frac{3B}{2} \leqslant x \leqslant d-\frac{B}{2}$$

将公式(4-1)、公式(4- 4)代入上式得稻种水平速度:

$$\frac{1.5B}{\sqrt{2E}} \leqslant v_x \leqslant \frac{d-\dfrac{B}{2}}{\sqrt{H}} \tag{4-17}$$

由稻种水平速度公式(4-10)～公式(4-17)可知，稻种囊入型孔的水平速度与稻种的几何尺寸及型孔直径、型孔厚度均有关，稻种囊入型孔的水平速度随稻种的几何尺寸，以及型孔直径、型孔厚度的变化而变化。

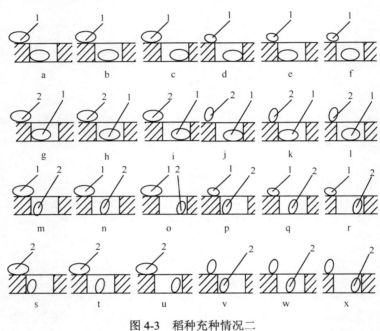

图 4-3　稻种充种情况二
1. 平躺稻种；2. 侧卧稻种

(3)型孔内已有两粒稻种，如图 4-4 所示

1)第一种情况：当型孔内前、后方虽有稻种，但没有充满，如图 4-4a～f 所示时，可参照公式(4-8)、公式(4-9)。

2)第二种情况：当型孔内前方没有充满，而型孔后方已经有水稻芽种充满，如图 4-4h、i、l、o 所示时，根据稻种囊入型孔的条件可得

$$\frac{L}{2} \leqslant x \leqslant d-H-\frac{L}{2}$$

3)第三种情况：当型孔内后方没有充满，而型孔前方已经有水稻芽种充满，如图 4-4g、j、k、m、n 所示时，根据稻种囊入型孔的条件可得

$$H + \frac{L}{2} \leqslant x \leqslant d - \frac{L}{2} \qquad (4-18)$$

将公式(4-1)、公式(4-4)和公式(4-7)代入上式得水平速度：

$$\frac{0.5}{\sqrt{2E}} \leqslant v_x \leqslant \frac{d - H - \frac{L}{2}}{\sqrt{B}} \qquad (4-19)$$

由稻种水平速度公式(4-12)～公式(4-14)可知，稻种囊入型孔的水平速度与稻种的几何尺寸及型孔直径、型孔厚度均有关，稻种囊入型孔的水平速度随稻种的几何尺寸及型孔直径、型孔厚度的变化而变化。

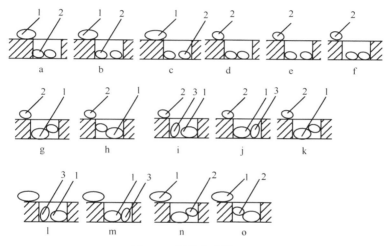

图4-4　稻种充种情况三

1.平躺稻种；2.侧卧稻种；3.竖立稻种

综上所述，稻种的水平极限速度与型孔直径、厚度及稻种尺寸有关，稻种囊入型孔的水平速度随稻种的几何尺寸及型孔直径、型孔厚度的变化而变化。当型孔直径取10mm、型孔厚度取4mm、品种为'空育131'的稻种几何尺寸：长度为 7.4mm、宽度为 4.0mm、厚度为 2.6mm 时，稻种的水平速度应当满足 $0.095\text{m}/\text{s} \leqslant v_x \leqslant 0.135\text{m}/\text{s}$。当稻种水平速度为0.135m/s时，稻种充种过程运动轨迹为 $y = 214.9x^2$。

4.3 机械式水稻植质钵盘精量播种装置充种性能试验研究

4.3.1 试验装置和方法

4.3.1.1 试验装置

试验装置如图 4-5 所示,由种箱、播种装置、传动机构、覆土部分等组成。

工作原理:工作前将准备好的秧盘放置在苗盘架处,在电动机的带动下,通过主动链轮、传动链、从动链轮、减速器、曲柄块机构来完成推盘及播种工作。秧盘首先到达底土箱的下方进行覆底土,然后由压实轮将底土压实,压实后的秧盘到达播种装置下方开始进行充种。充种过程是曲柄带动推盘连杆通过种箱推杆来实现种箱的往复播种运动,每给进一盘,种箱往复运动一次。一次往复运动完成的同时,与曲柄轴同轴的凸轮推动推杆实现摆杆的摆动,此时摆杆带动翻板拉杆使翻板迅速打开,稻种落入秧盘中,完成一次整盘播种。最后秧盘通过压种轮到达表土箱的下面进行覆表土从而完成播种的全过程。

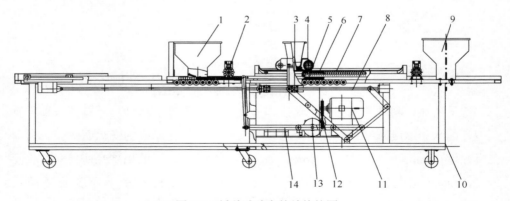

图 4-5 播种试验台的结构简图

1.底土箱;2.压实轮;3.种箱;4.刷种轮;5.型孔板;6.翻板;7.秧盘;8.种箱推杆;9.表土箱;10.机架;11.电动机;12.传动链;13.减速器;14.连杆

4.3.1.2 试验方法

试验前,种箱先放入一定量的稻种,试验开始时,种箱开关处于关闭状态,当电动机转速稳定且行至缓冲区时，打开种箱开关，稻种在自身重力、刷种轮、刮种板等作用下充入型孔，当种箱经过一次往复充种，翻板即将打开之前，结束试验操作，一次试验完成。每次试验重复 3 次，取平均值。

试验中所用的相关仪器：电脑水分测定仪、器皿、温度计等。

试验在黑龙江八一农垦大学工程学院播种实验室进行，试验用水稻品种为'空育 131'，芽长为 1～2mm，稻种含水率为 25%。

4.3.2　主要评定指标

根据同行研究的经验[72-75]，结合 GB/T 6973—2005《单粒(精密)播种机试验方法》，确定性能指标为单粒率、空穴率、充种率、重充率、损伤率，各指标与试验方法的说明与计算如下。

(1)单粒率

$$S_d = \frac{Y}{N} \times 100\% \tag{4-20}$$

(2)空穴率

$$S_k = \frac{K}{N} \times 100\% \tag{4-21}$$

(3)充种率

$$S_Z = \frac{S}{N} \times 100\% \tag{4-22}$$

(4)重充率

$$S_c = \frac{M}{N} \times 100\% \tag{4-23}$$

式中，$S_d + S_k + S_Z + S_c = 100\%$；

　　Z —— 囊入型孔的稻种总数，$Z = Y + K + S + M$；

　　N —— 总型孔数(个)；

　　Y —— 1 粒稻种囊入的型孔数(个)；

K —— 0 粒稻种囊入的型孔数(个);

S —— 2～5 粒稻种囊入的型孔数(个);

M —— 大于 5 粒稻种囊入的型孔数(个)。

(5)损伤率

$$S_s = \frac{P}{Z} \times 100\% \qquad (4\text{-}24)$$

式中,P —— 损伤稻种数(个)。

其测定方法:物料的机械损伤有的可以直接从表面观察出来,但处于生长阶段的农业物料,有时其表面并没有损伤,但是其内部结构却受到伤害,已经影响到了生物体的活性。由于稻种为处于生长时期的生物体,不能简单地以外表的损伤与否来判断物料的机械损伤。基于上述分析,本书根据同行研究的经验[72-75],对于稻种损伤的判定主要依据水稻受损伤后能否在同样环境下继续生长,如果在相同环境下,稻种能够继续生长,则判定为稻种没有损伤;如果不能继续生长则判定为损伤。在型孔内随机取出播种后的稻种 100 粒,放在与原来相同环境下,采用与原来相同的方法催芽,观察催芽情况,计算没有继续发芽的水稻数量,重复 3 次,取平均值。

4.3.3　单因素试验结果与分析

影响播种装置充种性能的主要参数有:型孔直径、型孔厚度、种箱速度、刷种轮直径、刷种轮高度、稻种含水率等。这些参数对充种性能的影响程度各不相同。本节根据充种机理的研究结果,固定稻种含水率、刷种轮直径、刷种轮高度进行单因素试验,分析型孔直径、型孔厚度、种箱速度对其性能指标单粒率、充种率、重充率、空穴率、损伤率的影响[78-83]。

4.3.3.1　型孔直径影响规律

本研究根据播种机在生产中用到的几个参数,在稻种含水率为 25%、刷种轮直径为 78mm、刷种轮高度为 3mm、型孔厚度为 4mm、种箱速度为 0.115m/s 条件下,选定型孔直径分别为 8mm、9mm、10mm、11mm、12mm 时,分析型孔直径对性能指标的影响,如图 4-6 所示。

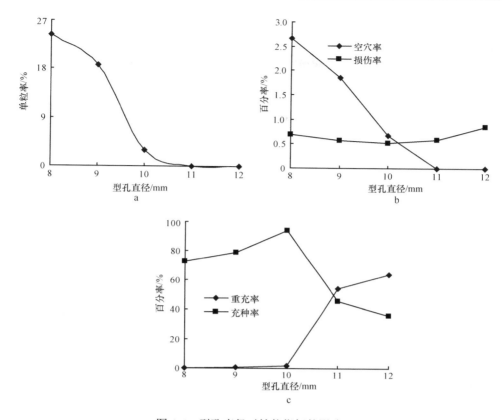

图 4-6 型孔直径对性能指标的影响

a. 型孔直径对单粒率的影响；b. 型孔直径对空穴率和损伤率的影响；c. 型孔直径对重充率和充种率的影响

图 4-6 表明，随着型孔直径的增加，空穴率、单粒率减少，当型孔直径由 8mm 增加到 11mm 时，空穴率由 2.8%减少到 0；单粒率由 23%减少到 0。重充率随型孔直径的增加而增加，其中当型孔直径由 8mm 增加到 10mm 时，重充率增加幅度不大；当型孔直径由 10mm 增加到 12mm 时，重充率由 0.5%增加到 60%，重充率变化显著。当型孔直径由 8mm 增加到 10mm 时，充种率随着型孔直径的增加而逐渐增加；当型孔直径由 10mm 增加到 12mm 时，充种率随着型孔直径的增加而显著下降，充种率最高点发生在型孔直径为 10mm 处。损伤率随型孔直径的增加先减少后增加，变化平缓。

4.3.3.2 型孔厚度影响规律

在稻种含水率为 25%、刷种轮直径为 78mm、刷种轮高度为 3mm、型孔直径为 10mm、种箱速度为 0.115m/s 条件下，选定型孔厚度分别为 2mm、3mm、4mm、5mm、6mm 时，分析型孔厚度对性能指标的影响，如图 4-7 所示。

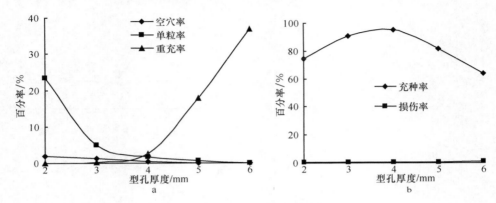

图 4-7　型孔厚度对性能指标的影响

a. 型孔厚度对空穴率、单粒率和重充率的影响；b. 型孔厚度对充种率和损伤率的影响

图 4-7 表明，随着型孔厚度的增加，空穴率、单粒率减少，其中当型孔厚度由 2mm 增加到 4mm 时，单粒率由 23% 减少到 1.79%，变化显著，当型孔厚度由 4mm 增加到 6mm 时，单粒率变化平滑；空穴率随型孔厚度的增加变化平缓。重充率随型孔厚度的增加而增加，当型孔厚度由 2mm 增加到 4mm 时，重充率变化平缓；当型孔厚度由 4mm 增加到 6mm 时，重充率由 2.56%增加到 36.56%，重充率变化显著。当型孔厚度由 2mm 增加到 4mm 时，充种率随着型孔厚度的增加而逐渐增加；当型孔厚度由 4mm 增加到 6mm 时，充种率随着型孔厚度的增加而下降，充种率最高点发生在型孔厚度为 4mm 处。损伤率随型孔厚度的增加先减少后增加，但变化较平缓。

4.3.3.3　种箱速度影响规律

在稻种含水率为 25%、刷种轮直径为 78mm、刷种轮高度为 3mm、型孔厚度为 4mm、型孔直径为 10mm 条件下，根据稻种充种速度的理论计算结果，选定种箱速度分别为 0.095m/s、0.105m/s、0.115m/s、0.125m/s、0.135m/s 时，分析种箱速度对性能指标的影响，如图 4-8 所示。

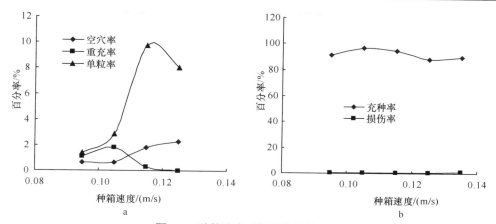

图 4-8　种箱速度对性能指标的影响
a. 种箱速度对空穴率、重充率和单粒率的影响；b. 种箱速度对充种率和损伤率的影响

图 4-8 表明，随着种箱速度的增加，空穴率、损伤率、充种率先减少后增加，其中空穴率、损伤率变化较平缓；充种率变化幅度较大，当种箱速度由 0.095m/s 增加到 0.125m/s 时，充种率由 98% 下降到 87%。重充率、单粒率随着种箱速度的增加先增加后降低，其中单粒率增加幅度较大，重充率增加幅度较小，当种箱速度由 0.095m/s 增加到 0.115m/s 时，单粒率由 0.9% 增加到 10.56%，重充率由 0.8% 增加到 1.8%。

4.3.4　多因素试验研究

4.3.4.1　试验方案确定

在稻种含水率为 25% 条件下，根据充种机理研究结果及单因素试验结果，进一步研究各因素组合情况下对播种装置充种性能的影响，选取型孔直径 x_1、型孔厚度 x_2、种箱速度 x_3 共 3 个因素进行多因素试验，以单粒率、空穴率、重充率、充种率、损伤率为性能指标。采用正交旋转组合设计的试验方法，按三因素五水平安排试验，因素水平编码表见表 4-1，三因素五水平二次正交旋转组合设计正交表见表 4-2[84-87]。

表 4-1　因素水平编码表

编码值 x_j	因素水平		
	型孔直径 x_1/mm	型孔厚度 x_2/mm	种箱速度 x_3/ (m/s)
上星号臂(γ)	12	6	0.135
上水平(+1)	11	5	0.125
零水平(0)	10	4	0.115

编码值	因素水平		
x_j	型孔直径 x_1/mm	型孔厚度 x_2/mm	种箱速度 x_3/ (m/s)
下水平(−1)	9	3	0.105
下星号臂(−γ)	8	2	0.095

表 4-2   二次正交旋转组合设计正交表

试验号	x_1	x_2	x_3	y
1	1	1	1	y_1
2	1	1	−1	y_2
3	1	−1	1	y_3
4	1	−1	−1	y_4
5	−1	1	1	y_5
6	−1	1	−1	y_6
7	−1	−1	1	y_7
8	−1	−1	−1	y_8
9	−1.682	0	0	y_9
10	1.682	0	0	y_{10}
11	0	−1.682	0	y_{11}
12	0	1.682	0	y_{12}
13	0	0	−1.682	y_{13}
14	0	0	1.682	y_{14}
15	0	0	0	y_{15}
16	0	0	0	y_{16}
17	0	0	0	y_{17}
18	0	0	0	y_{18}
19	0	0	0	y_{19}
20	0	0	0	y_{20}
21	0	0	0	y_{21}
22	0	0	0	y_{22}
23	0	0	0	y_{23}

4.3.4.2   试验数据结果分析

(1)试验安排和试验数据

试验安排和试验数据如表 4-3 所示。

表 4-3　二次正交旋转组合设计方案及结果

序号	型孔直径/mm	型孔厚度/mm	种箱速度/(m/s)	空穴率/%	重充率/%	单粒率/%	充种率/%	损伤率/%
1	11	5	0.125	0.90	57.91	0	41.19	0.819
2	11	5	0.105	0	59.55	0	40.45	0.723
3	11	3	0.125	1.60	13.85	8.62	75.93	0.654
4	11	3	0.105	0.74	16.74	5.96	76.56	0.776
5	9	5	0.125	2.25	0	7.01	90.74	0.532
6	9	5	0.105	1.20	0	4.96	93.84	0.472
7	9	3	0.125	3.17	0	29.48	67.35	0.521
8	9	3	0.105	2.06	0	26.96	70.98	0.648
9	8	4	0.115	2.67	0	24.35	72.98	0.689
10	12	4	0.115	0	63.97	0	36.03	0.856
11	10	2	0.115	2.02	0	23.31	74.67	0.629
12	10	6	0.115	0	36.68	0	63.32	0.935
13	10	4	0.095	0.18	6.46	2.21	91.15	0.649
14	10	4	0.135	2.31	0	8.05	89.64	0.852
15	10	4	0.115	0.38	2.56	1.79	95.27	0.364
16	10	4	0.115	0.14	4.12	1.66	94.08	0.489
17	10	4	0.115	0.24	3.11	0.53	96.12	0.334
18	10	4	0.115	0.46	2.46	2.27	94.81	0.479
19	10	4	0.115	0.36	4.01	1.16	94.47	0.283
20	10	4	0.115	0.22	1.81	1.87	96.10	0.289
21	10	4	0.115	0.45	1.30	1.31	96.94	0.419
22	10	4	0.115	0.67	1.80	2.91	94.62	0.523
23	10	4	0.115	0.82	3.14	2.08	93.96	0.324

（2）试验数据回归方程

根据表 4-3 的试验数据，采用 DPS 数据处理系统，求得各因素与性能指标间的回归方程。

1）空穴率：

$$y = 0.41 - 0.73x_1 - 0.48x_2 + 0.55x_3 + 0.38x_1^2 + 0.26x_2^2$$

$$+ 0.34x_3^2 + 0.04x_1x_2 - 0.05x_1x_3 - 0.002x_2x_3 \tag{4-25}$$

2）单粒率：

$$y = 1.726 - 6.94x_1 - 7.194x_2 + 1.249x_3 + 3.742x_1^2 + 3.558x_2^2$$
$$+ 1.251x_3^2 + 3.736x_1x_2 - 0.239x_1x_3 - 0.391x_2x_3 \tag{4-26}$$

3) 充种率:

$$y = 95.157 - 11.05x_1 - 3.19x_2 - 0.67x_3 - 14.42x_1^2 - 9.29x_2^2$$
$$- 1.73x_3^2 - 14.64x_1x_2 + 0.86x_1x_3 + 0.24x_2x_3 \tag{4-27}$$

4) 重充率:

$$y = 2.71 + 18.72x_1 + 10.88x_2 - 1.13x_3 + 10.29x_1^2 + 5.47x_2^2$$
$$+ 0.13x_3^2 + 10.86x_1x_2 - 0.57x_1x_3 + 0.16x_2x_3 \tag{4-28}$$

5) 损伤率:

$$y = 0.39 + 0.079x_1 + 0.034x_2 + 0.018x_3 + 0.105x_1^2 + 0.108x_2^2$$
$$+ 0.097x_3^2 + 0.035x_1x_2 + 0.005x_1x_3 + 0.051x_2x_3 \tag{4-29}$$

(3) 试验数据回归方程显著性检验

回归方程显著性检验见表 4-4 和表 4-5。

由表 4-4 可知: $F_1 < F_{0.05}$, 不显著, 方程拟合很好。

由表 4-5 可知: $F_2 > F_{0.01}$, 显著, 方程有意义。

表 4-4　F_1 检验表

回归方程	F_1 计算值	比较条件	F 查表值	说明
空穴率	1.830	<	$F_{0.05}$=3.69	不显著
单粒率	1.957	<	$F_{0.05}$=3.69	不显著
充种率	0.200	<	$F_{0.05}$=3.69	不显著
重充率	1.515	<	$F_{0.05}$=3.69	不显著
损伤率	3.085	<	$F_{0.05}$=3.69	不显著

表 4-5　F_2 检验表

回归方程	F_2 计算值	比较条件	F 查表值	说明	贡献率
空穴率	34.910	>	$F_{0.01}$=4.17	显著	x_1=1.962, x_2=1.919, x_3=1.951
单粒率	334.360	>	$F_{0.01}$=4.17	显著	x_1=2.493, x_2=2.729, x_3=2.177
充种率	1244.380	>	$F_{0.01}$=4.17	显著	x_1=2.934, x_2=2.494, x_3=2.299
重充率	909.660	>	$F_{0.01}$=4.17	显著	x_1=2.771, x_2=2.495, x_3=1.207
损伤率	4.765	>	$F_{0.01}$=4.17	显著	x_1=3.474, x_2=1.101, x_3=1.034

进行 t 检验，α =0.5 时剔除不显著水平，原回归方程可写为如下。

1）空穴率：

$$y = 0.41 - 0.73x_1 - 0.48x_2 + 0.55x_3 + 0.38x_1^2 + 0.26x_2^2 + 0.34x_3^2 \tag{4-30}$$

2）单粒率：

$$\begin{aligned} y =&\, 1.726 - 6.94x_1 - 7.194x_2 + 1.249x_3 + 3.742x_1^2 \\ &+ 3.558x_2^2 + 1.251x_3^2 + 3.736x_1x_2 \end{aligned} \tag{4-31}$$

3）充种率：

$$\begin{aligned} y =&\, 95.157 - 11.05x_1 - 3.19x_2 - 0.67x_3 - 14.42x_1^2 - 9.29x_2^2 \\ &- 1.73x_3^2 - 14.64x_1x_2 + 0.86x_1x_3 \end{aligned} \tag{4-32}$$

4）重充率：

$$y = 2.71 + 18.72x_1 + 10.88x_2 - 1.13x_3 + 10.29x_1^2 + 5.47x_2^2 + 10.86x_1x_2 \tag{4-33}$$

5）损伤率：

$$y = 0.39 + 0.079x_1 + 0.105x_1^2 + 0.108x_2^2 + 0.097x_3^2 \tag{4-34}$$

（4）试验因素对性能指标影响的图形分析

图 4-9～图 4-13 分别为降维分析得到的单、双因素对性能指标影响关系曲线。单因素曲线是利用多元二次回归模型：$y = b_0 + \sum_{j=1}^{m} b_j x_j + \sum_{i \leqslant j} b_{ij} x_i x_j + \sum_{j=1}^{m} b_{jj} x_j^2$，其中固定 $m-1$ 个元素，可导出单变量的回归子模型为：$y = a_0 + a_s x_s + a_{ss} x_s^2$。分析中将其他几个因素分别固定在–1、0、+1 水平上得到的。双因素曲线是在 m 个因素的二次回归模型中，固定 $m-2$ 个因素，可得到两个因素与指标的回归子模型：$y = a_0 + a_s x_s + a_t x_t + a_{st} x_s x_t + a_{ss} x_s^2 + a_{tt} x_t^2$，用两因素曲面图的方法来描述两个因素对指标的效应，获得对性能指标的影响。

1）对空穴率的影响分析。

从型孔直径对空穴率的影响曲线图 4-9a 中可以看出：随着型孔直径的逐渐增加，空穴率呈现先降低后增加的趋势。当型孔直径低于 0 水平时，随着型孔直径的增加，空穴率急剧降低；当型孔直径超过 0 水平时，随着型孔直径的增加，空穴率逐渐降低，最低点出现在+1 水平；当型孔直径为+1.682 水平时，空穴率呈现增加的趋势。原因主要是随着型孔直径的不断增大，稻种囊入型孔内的概率增加，当型孔直径增加到 +1 水平后继续增加，由于型孔直径增大，毛刷轮将型孔内的水稻带走的概率增加，因此空穴率呈增加趋势。

从型孔厚度对空穴率的影响曲线图 4-9b 中可以看出：随着型孔厚度的增大，空穴率降低。当型孔厚度低于 0 水平时，随着型孔厚度的增加，空穴率急剧降低；当型孔厚度超过 0 水平时，随着型孔厚度的增加，空穴率逐渐降低。原因主要是随着型孔厚度的不断增大，稻种囊入型孔内的概率增加，因此空穴率呈现降低趋势。

从种箱速度对空穴率的影响曲线图 4-9c 中可以看出：随着种箱速度的逐渐增加，空穴率呈现先减小后增大的趋势。当种箱速度低于 0 水平时，随着种箱速度的增加，空穴率变化缓慢；当种箱速度超过 0 水平时，随着种箱速度的增加，空穴率急剧增加。空穴率最低点出现在种箱速度为 –1 水平，种箱速度太低或太高都会增加空穴率。原因主要是种箱速度过快或过慢都会导致稻种囊入型孔时的水平位移过大或过小，导致空穴率的增加。

型孔直径与型孔厚度两者交互作用对空穴率的影响曲线如图 4-9A 所示。由图 4-9A 可得以下结论：型孔直径、型孔厚度同时处于 +1 水平时，空穴率最小。型孔直径、型孔厚度减小，空穴率随之呈增大趋势，当型孔直径一定时，随着型孔厚度的增加，空穴率随之增大，但变化幅度较小；当型孔厚度固定不变而型孔直径发生变化时，随着型孔直径的增加，空穴率减小。综合分析得出，在型孔直径与型孔厚度两者交互作用时，影响空穴率的主要因素是型孔直径。主要是因为：型孔直径、型孔厚度减少，囊入型孔内的稻种概率减少，因此空穴率不断增加。

型孔直径与种箱速度两者交互作用对空穴率的影响曲线如图 4-9B 所示。由图 4-9B 可得出以下结论：型孔直径处于 0 水平以上，而种箱速度为 0 水平以下时，空穴率数值最小。当型孔直径一定时，随着种箱速度的增加，空穴率随之增大，但变化幅度较小；当种箱速度固定不变而型孔直径发生变化时，随着型孔直径的增加，空穴率减小。综合分析得出，在型孔直径与种箱速度两者交互作用时，影响空穴率的主要因素是型孔直径。

型孔厚度与种箱速度两者交互作用对空穴率的影响曲线如图 4-9C 所示。由图 4-9C 可得出以下结论：随着型孔厚度的增加，种箱速度的减少，空穴率不断减少，变化不显著。当型孔厚度处于 +1水平，种箱速度处于 –1水平时，空穴率达到最低。综合分析得出，在型孔厚度与种箱速度两者交互作用时，影响空穴率的主要因素是种箱速度。

采用贡献率法得到各因素型孔直径 x_1、型孔厚度 x_2 和种箱速度 x_3 对空穴率作用的大小顺序为：$\Delta_1 > \Delta_3 > \Delta_2$，即型孔直径>种箱速度>型孔厚度。

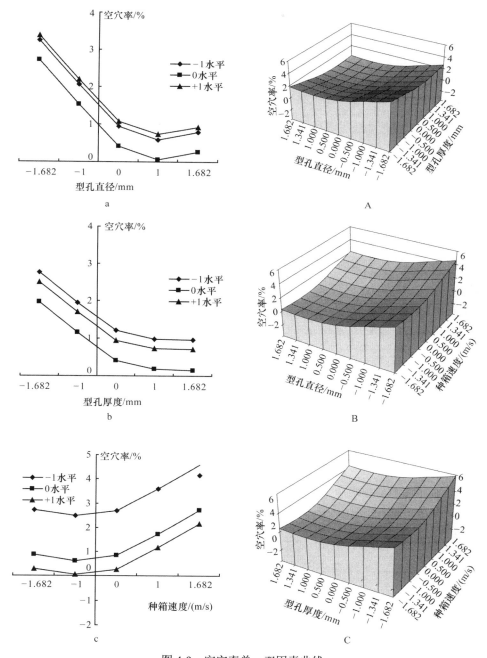

图 4-9 空穴率单、双因素曲线

2) 对单粒率的影响分析。

从型孔直径对单粒率的影响曲线图 4-10a 中可以看出：随着型孔直径的增加，单粒率减少。当型孔直径处于 0 水平以下时，单粒率变化显著。主要是因为型孔直径增加，稻种囊入型孔内的机会增加，型孔内稻种数量增多。

从型孔厚度对单粒率的影响曲线图 4-10b 中可以看出：随着型孔厚度的增加，单粒率减少。当型孔厚度处于 0 水平以下时，单粒率变化显著。主要是因为型孔厚度增加，稻种囊入型孔内的机会增加，型孔内稻种数量增多。

从种箱速度对单粒率的影响曲线图 4-10c 中可以看出：种箱速度处于 0 水平以下时，随着种箱速度的增加，单粒率先减少；种箱速度处于 0 水平以上时，随着种箱速度的增加，单粒率增加；单粒率最低发生在种箱速度为 0 水平处。型孔直径、型孔厚度都处于+1 水平时，单粒率最小。

图 4-10A 为型孔直径与型孔厚度交互作用下对单粒率的影响。从图 4-10A 中可以看出：当型孔直径处于较高水平时，单粒率随型孔厚度的增加变化平缓；当型孔直径处于较低水平时，单粒率随型孔厚度的增加逐渐降低；当型孔厚度处于较高水平时，单粒率随型孔直径的增加变化不明显。当型孔厚度处于较低水平时，单粒率随型孔直径的增加逐渐降低；单粒率较小的区域出现在型孔直径和型孔厚度均为 0 水平以下时。在型孔直径和型孔厚度的交互作用中，型孔厚度是影响单粒率的主要因素。

图 4-10B 为型孔直径与种箱速度交互作用下对单粒率的影响。由图 4-10B 可以看出：当种箱速度固定不变时，单粒率随型孔直径的增加变化显著；当型孔直径固定不变时，单粒率随种箱速度的变化平缓；单粒率较小的区域出现在型孔直径为+1 水平，而种箱速度为 0 水平左右时。在型孔直径和种箱速度的交互作用中，型孔直径是影响单粒率的主要因素。

图 4-10C 为型孔厚度与种箱速度交互作用下对单粒率的影响。由图 4-10C 可知：当种箱速度一定时，随型孔厚度的提高，单粒率降低。主要是因为随着型孔厚度的增加，稻种囊入型孔的概率增加；当型孔厚度不变时，随种箱速度的变化，单粒率先减小后逐渐增加，但变化幅度较小，曲线变化不显著。单粒率较小的区域出现在型孔厚度为 0 水平以上，种箱速度为 0 水平左右时。在型孔厚度与种箱速度的交互作用中，型孔厚度是影响单粒率的主要因素。

采用贡献率法得到各因素型孔直径 x_1、型孔厚度 x_2 和种箱速度 x_3 对单粒率作用的大小顺序为：$\Delta_2 > \Delta_1 > \Delta_3$，即型孔厚度＞型孔直径＞种箱速度。

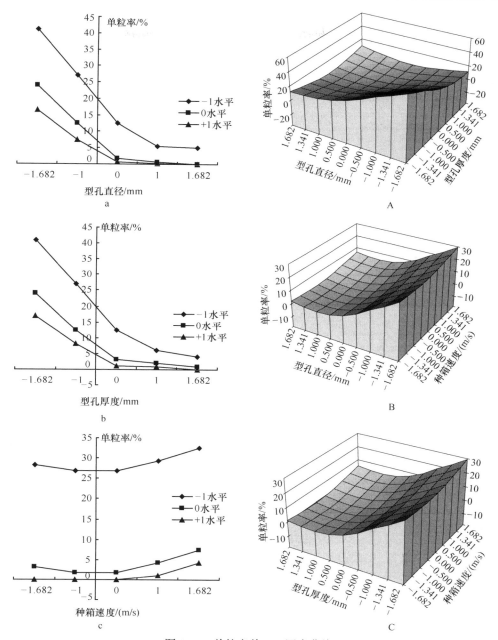

图 4-10 单粒率单、双因素曲线

3）对充种率的影响分析。

从型孔直径对充种率的影响曲线图 4-11a 可以看出：随着型孔直径的逐渐增加，充种率先增加后减少。当型孔厚度、种箱速度处于 –1 或 0 水平时，充种率最高点发生在型孔直径为 0 水平处。当型孔直径处于 0 水平以下时，充种率随型孔直径的增加而增加；当型孔直径处于 0 水平以上时，充种率随型孔直径的增加而降低。原因是型孔直径过大，稻种囊入型孔内概率增加，重充率增加；型孔直径过小，稻种囊入型孔的概率减少，空穴率、单粒率增加，导致充种率降低。

从型孔厚度对充种率的影响曲线图 4-11b 可以看出：随着型孔厚度的逐渐增加，充种率先增加后减少。当型孔直径、种箱速度处于 −1 或 0 水平时，充种率最高点发生在型孔厚度为 0 水平处。在型孔厚度处于 0 水平以下时，充种率随型孔厚度的增加而增加；在型孔厚度处于 0 水平以上时，充种率随型孔厚度的增加而降低。原因是型孔厚度过大或过小，型孔内容纳稻种的数量增加或减少，重充率增加或空穴率、单粒率增加，导致充种率降低。

从种箱速度对充种率的影响曲线图 4-11c 可以看出：随着种箱速度的增加，充种率先增加后减少，充种率最高点发生在种箱速度为 0 水平处，充种率随种箱速度变化不显著，但种箱速度过大或过小都会影响稻种囊入型孔的概率，充种率会减少，当型孔直径和型孔厚度处于 0 水平时，充种率相对较高。

图 4-11A 为型孔直径与型孔厚度交互作用下对充种率的影响。由图 4-11A 可知：充种率较高的区域出现在型孔直径、型孔厚度均为 0 水平左右时。当型孔直径处于较低水平时，充种率随型孔厚度的增加而增加；当型孔直径处于较高水平时，充种率随型孔厚度的增加而减少。当型孔厚度处于较低水平时，充种率随型孔直径的增加而增加；当型孔厚度处于较高水平时，充种率随型孔直径的增加而降低。在型孔直径与型孔厚度的交互作用中，型孔直径对充种率的影响程度大于型孔厚度。

图 4-11B 为型孔直径与种箱速度交互作用下对充种率的影响。由图 4-11B 可知：当型孔直径一定时，充种率随种箱速度的增加变化平缓，总体趋势为先增加后减少；当种箱速度一定时，充种率随型孔直径的增加先增大后减少，变化显著。充种率相对较高的区域出现在型孔直径较高的区域，种箱速度处于 0 水平时。在型孔直径和种箱速度的交互作用中，型孔直径是影响充种率的主要因素。

图 4-11C 为型孔厚度与种箱速度交互作用下对充种率的影响。由图 4-11C 可知：当型孔厚度一定时，充种率随种箱速度的增加变化平缓，总体趋势为先增加后减少；当种箱速度一定时，充种率随型孔厚度的增加先增大后减少，变化显著。充种率相对较高的区域出现在型孔厚度为较高水平，种箱速度处于 0 水平时。在型孔厚度和种箱速度的交互作用中，型孔厚度是影响充种率的主要因素。

采用贡献率法得到各因素型孔直径 x_1、型孔厚度 x_2 和种箱速度 x_3 对充种率作用的大小顺序为：$\Delta_1 > \Delta_2 > \Delta_3$，即型孔直径＞型孔厚度＞种箱速度。

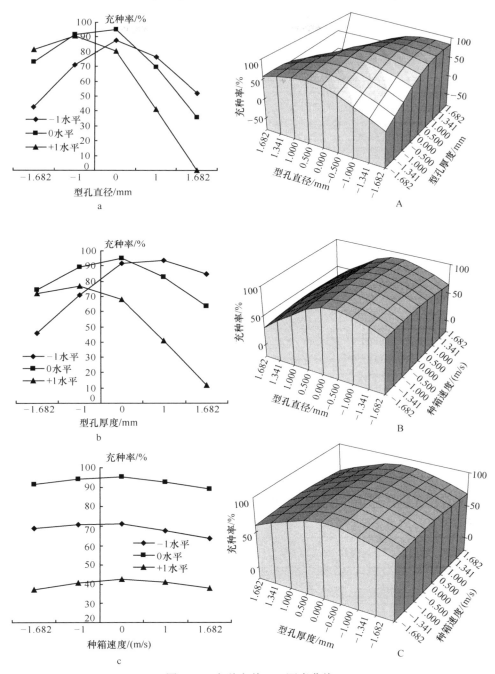

图 4-11 充种率单、双因素曲线

4）对重充率的影响分析。

从型孔直径对重充率的影响曲线图 4-12a 中可以看出：当型孔厚度和种箱速度处于较低水平时，重充率随型孔直径的增加先减少后增加。当型孔厚度和种箱速度处于较高水平时，重充率随型孔直径的增加而增加，其中当型孔直径处于 0 水平以下时，重充率变化缓慢；当型孔直径处于 0 水平以上时，重充率随型孔直径的变化显著。当型孔直径处于 −1 水平时重充率相对较低。

从型孔厚度对重充率的影响曲线图 4-12b 中可以看出：当型孔直径和种箱速度处于较低水平时，重充率随型孔厚度的增加先减少后增加。当型孔直径和种箱速度处于较高水平时，重充率随型孔厚度的增加而增加，其中当型孔厚度处于 0 水平以下时，重充率变化缓慢；当型孔厚度处于 0 水平以上时，重充率随型孔厚度的变化显著。当型孔厚度处于 −1 水平时重充率相对较低。

从种箱速度对重充率的影响曲线图 4-12c 中可以看出：随着种箱速度的增加，重充率逐渐降低，变化缓慢，型孔直径和型孔厚度处于较低水平时，重充率较低。

图 4-12A 为型孔直径与型孔厚度交互作用下对重充率的影响。由图 4-12A 可知：当型孔厚度处于较低水平时，重充率随型孔直径的增大先减少后增加；当型孔厚度处于较高水平时，重充率随型孔直径的增加显著增加。当型孔直径处于较低水平时，重充率随型孔厚度的提高变化不显著；当型孔直径处于较高水平时，重充率随型孔厚度的增加呈明显增加趋势。重充率较小的区域出现在型孔直径和型孔厚度均为较低水平时。在型孔直径与型孔厚度的交互作用中，型孔直径对重充率的影响程度大于型孔厚度。

图 4-12B 为型孔直径与种箱速度交互作用下对重充率的影响。由图 4-12B 可知：当型孔直径一定时，重充率随种箱速度的增大变化缓慢；当种箱速度一定时，重充率随型孔直径的增加显著增加。在型孔直径与种箱速度的交互作用中，型孔直径是影响重充率的主要因素。

图 4-12C 为型孔厚度与种箱速度交互作用下对重充率的影响。由图 4-12C 可知：当型孔厚度一定时，重充率随种箱速度的增大变化缓慢；当种箱速度一定时，重充率随型孔厚度的增加显著增加，其中种箱速度处于较高水平时，重充率变化幅度大于种箱速度处于较高水平时。在型孔厚度与种箱速度的交互作用中，型孔厚度是影响重充率的主要因素。

采用贡献率法得到各因素型孔直径 x_1、型孔厚度 x_2 和种箱速度 x_3 对重充率作用的大小顺序为：$\Delta_1 > \Delta_2 > \Delta_3$，即型孔直径＞型孔厚度＞种箱速度。

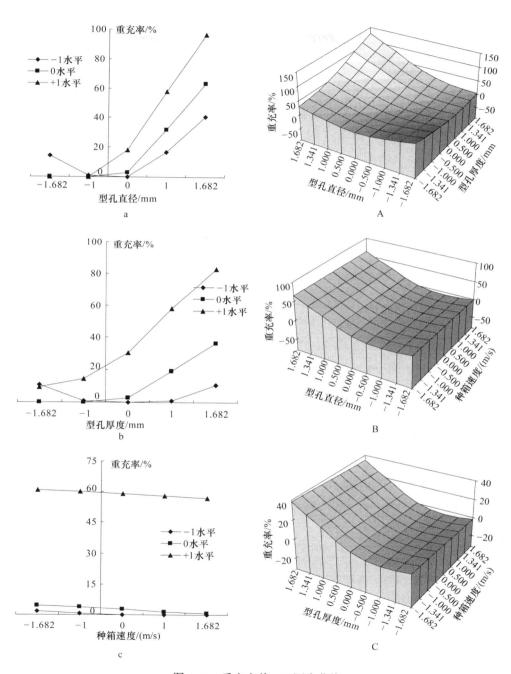

图 4-12　重充率单、双因素曲线

5) 对损伤率的影响分析。

从型孔直径对损伤率的影响曲线图 4-13a 中可以看出：当型孔厚度和种箱速度处于较高和较低水平时，损伤率随型孔直径的变化曲线重合，即型孔厚度和种箱速度处于较高和较低水平时对损伤率的影响程度相同。损伤率随型孔直径的增加先减少后增加，损伤率最低点发生在型孔直径为 0 水平处。

从型孔厚度对损伤率的影响曲线图 4-13b 中可以看出：随着型孔厚度的不断提高，损伤率先减小至 0 水平左右达到最小后逐渐增大。型孔厚度过高或过低时均会导致损伤率的增加。

从种箱速度对损伤率的影响曲线图 4-13c 中可以看出：损伤率随种箱速度的增大先减小后增加，0 水平左右时趋于最低。种箱速度过大或过小都会导致损伤率的增加。

图 4-13A 为型孔直径与型孔厚度交互作用下对损伤率的影响。由图 4-13A 可知：当型孔厚度固定不变时，损伤率随型孔直径的增大先减少后增加；当型孔直径固定不变时，损伤率随型孔厚度的增大先减少后增加；损伤率较小的区域出现在型孔直径和型孔厚度均为 0 水平时。其中损伤率随型孔直径变化而变化的幅度大于随型孔厚度变化而变化的幅度。可见，在型孔直径与型孔厚度的交互作用中，影响损伤率的主要因素为型孔直径。

图 4-13B 为型孔直径与种箱速度交互作用下对损伤率的影响。由图 4-13B 可知：当种箱速度一定时，损伤率随型孔直径的增大先有所减少后显著增加；当型孔直径一定时，损伤率随种箱速度的增加先减小后增加，但变化幅度不大。在型孔直径与种箱速度的交互作用中，影响损伤率的主要因素为型孔直径。

图 4-13C 为型孔厚度与种箱速度交互作用下对损伤率的影响。由图 4-13C 可知：当种箱速度一定时，损伤率随型孔厚度的增大先减少后增加；当型孔厚度一定时，损伤率随种箱速度的增加先减小后增加，但变化幅度不大。在型孔厚度与种箱速度的交互作用中，影响损伤率的主要因素为型孔厚度。

采用贡献率法得到各因素型孔直径 x_1、型孔厚度 x_2 和种箱速度 x_3 对损伤率作用的大小顺序为：$\Delta_1 > \Delta_2 > \Delta_3$，即型孔直径＞型孔厚度＞种箱速度。

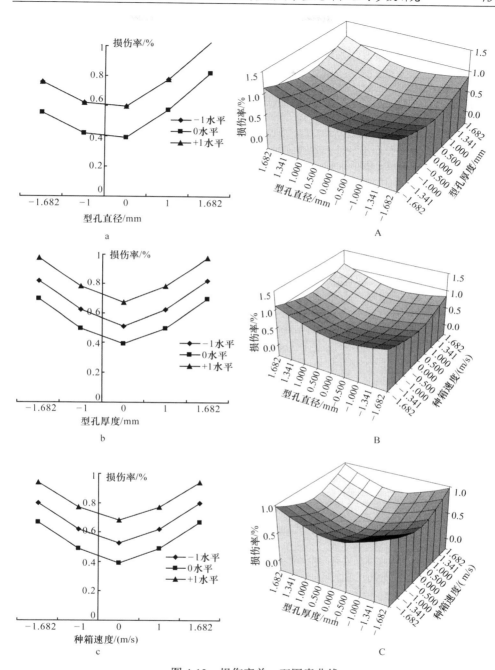

图 4-13 损伤率单、双因素曲线

4.3.5　性能指标优化

根据播种装置充种性能的要求,本节利用主目标函数法[50-53],借助 Matlab[54-58]软件进行优化求解。分别以空穴率、充种率、单粒率、重充率、损伤率 5 个充种性能指标的回归方程作为目标函数,其他剩余的回归方程作为约束条件,设计优化模型如下。

(1)以空穴率作为目标函数,得到优化模型

$$\min \quad 0.41 - 0.73x_1 - 0.48x_2 + 0.55x_3 + 0.38x_1^2 + 0.26x_2^2 + 0.34x_3^2$$

$$0 \leqslant 0.39 + 0.079x_1 + 0.105x_1^2 + 0.108x_2^2 + 0.097x_3^2 \leqslant 2$$

$$100 \geqslant 95.157 - 11.05x_1 - 3.19x_2 - 0.67x_3 - 14.42x_1^2 - 9.29x_2^2 - 1.73x_3^2 - 14.64x_1x_2$$
$$+ 0.86x_1x_3 \geqslant 92.5$$

$$0 \leqslant 2.71 + 18.72x_1 + 10.88x_2 - 1.13x_3 + 10.29x_1^2 + 5.47x_2^2 + 10.86x_1x_2 \leqslant 5$$

$$0 \leqslant 1.726 - 6.94x_1 - 7.194x_2 + 1.249x_3 + 3.742x_1^2 + 3.558x_2^2 + 1.251x_3^2 + 3.736x_1x_2 \leqslant 2$$

$$-1.682 \leqslant x_1 \leqslant 1.682$$

$$-1.682 \leqslant x_2 \leqslant 1.682$$

$$-1.682 \leqslant x_3 \leqslant 1.682$$

(2)以单粒率作为目标函数,得到优化模型

$$\min \quad 1.726 - 6.94x_1 - 7.194x_2 + 1.249x_3 + 3.742x_1^2 + 3.558x_2^2 + 1.251x_3^2 + 3.736x_1x_2$$

$$0 \leqslant 0.41 - 0.73x_1 - 0.48x_2 + 0.55x_3 + 0.38x_1^2 + 0.26x_2^2 + 0.34x_3^2 \leqslant 0.5$$

$$0 \leqslant 0.39 + 0.079x_1 + 0.105x_1^2 + 0.108x_2^2 + 0.097x_3^2 \leqslant 2$$

$$100 \geqslant 95.157 - 11.05x_1 - 3.19x_2 - 0.67x_3 - 14.42x_1^2 - 9.29x_2^2 - 1.73x_3^2 - 14.64x_1x_2$$
$$+ 0.86x_1x_3 \geqslant 92.5$$

$$0 \leqslant 2.71 + 18.72x_1 + 10.88x_2 - 1.13x_3 + 10.29x_1^2 + 5.47x_2^2 + 10.86x_1x_2 \leqslant 5$$

$$-1.682 \leqslant x_1 \leqslant 1.682$$

$$-1.682 \leqslant x_2 \leqslant 1.682$$

$-1.682 \leqslant x_3 \leqslant 1.682$

（3）以充种率作为目标函数，得到优化模型

$\max 95.157 - 11.05x_1 - 3.19x_2 - 0.67x_3 - 14.42x_1^2 - 9.29x_2^2 - 1.73x_3^2 - 14.64x_1x_2$
$+ 0.86x_1x_3$

$0 \leqslant 0.41 - 0.73x_1 - 0.48x_2 + 0.55x_3 + 0.38x_1^2 + 0.26x_2^2 + 0.34x_3^2 \leqslant 0.5$

$0 \leqslant 0.39 + 0.079x_1 + 0.105x_1^2 + 0.108x_2^2 + 0.097x_3^2 \leqslant 2$

$0 \leqslant 2.71 + 18.72x_1 + 10.88x_2 - 1.13x_3 + 10.29x_1^2 + 5.47x_2^2 + 10.86x_1x_2 \leqslant 5$

$0 \leqslant 1.726 - 6.94x_1 - 7.194x_2 + 1.249x_3 + 3.742x_1^2 + 3.558x_2^2 + 1.251x_3^2 + 3.736x_1x_2 \leqslant 2$

$-1.682 \leqslant x_1 \leqslant 1.682$

$-1.682 \leqslant x_2 \leqslant 1.682$

$-1.682 \leqslant x_3 \leqslant 1.682$

（4）以重充率作为目标函数，得到优化模型

$\min \quad 2.71 + 18.72x_1 + 10.88x_2 - 1.13x_3 + 10.29x_1^2 + 5.47x_2^2 + 10.86x_1x_2$

$0 \leqslant 0.41 - 0.73x_1 - 0.48x_2 + 0.55x_3 + 0.38x_1^2 + 0.26x_2^2 + 0.34x_3^2 \leqslant 0.5$

$0 \leqslant 0.39 + 0.079x_1 + 0.105x_1^2 + 0.108x_2^2 + 0.097x_3^2 \leqslant 2$

$100 \geqslant 95.157 - 11.05x_1 - 3.19x_2 - 0.67x_3 - 14.42x_1^2 - 9.29x_2^2 - 1.73x_3^2 - 14.64x_1x_2$
$+ 0.86x_1x_3 \geqslant 92.5$

$0 \leqslant 1.726 - 6.94x_1 - 7.194x_2 + 1.249x_3 + 3.742x_1^2 + 3.558x_2^2 + 1.251x_3^2 + 3.736x_1x_2 \leqslant 2$

$-1.682 \leqslant x_1 \leqslant 1.682$

$-1.682 \leqslant x_2 \leqslant 1.682$

$-1.682 \leqslant x_3 \leqslant 1.682$

（5）以损伤率作为目标函数，得到优化模型

$\min \quad 0.39 + 0.079x_1 + 0.105x_1^2 + 0.108x_2^2 + 0.097x_3^2$

$0 \leqslant 0.41 - 0.73x_1 - 0.48x_2 + 0.55x_3 + 0.38x_1^2 + 0.26x_2^2 + 0.34x_3^2 \leqslant 0.5$

$100 \geqslant 95.157 - 11.05x_1 - 3.19x_2 - 0.67x_3 - 14.42x_1^2 - 9.29x_2^2 - 1.73x_3^2 - 14.64x_1x_2$

$+0.86x_1x_3 \geqslant 92.5$

$0 \leqslant 2.71 + 18.72x_1 + 10.88x_2 - 1.13 \ x_3 + 10.29x_1^2 + 5.47x_2^2 + 10.86x_1x_2 \leqslant 5$

$0 \leqslant 1.726 - 6.94x_1 - 7.194x_2 + 1.249x_3 + 3.742x_1^2 + 3.558x_2^2 + 1.251x_3^2 + 3.736x_1x_2 \leqslant 2$

$-1.682 \leqslant x_1 \leqslant 1.682$

$-1.682 \leqslant x_2 \leqslant 1.682$

$-1.682 \leqslant x_3 \leqslant 1.682$

借助 Matlab 优化求解后,得到的不同目标函数下的最佳参数组合方案如表 4-6 所示。

表 4-6　不同目标函数下的最佳参数组合方案

目标函数	型孔直径		型孔厚度		种箱速度	
	水平值	实际值/mm	水平值	实际值/mm	水平值	实际值/(m/s)
空穴率	0.0184	10.018	0.0943	4.094	−0.7490	0.1075
单粒率	−0.1943	9.806	0.4553	4.455	−0.3635	0.1114
充种率	−0.2389	9.761	0.1836	4.184	−0.5939	0.1091
重充率	0.2279	10.228	0.1606	4.161	−0.5873	0.1091
损伤率	−0.0799	9.920	0.1470	4.147	−0.1749	0.1132

表 4-6 表明:不同性能指标作为目标函数时的最佳参数组合方案中,型孔直径多数接近 0 水平,型孔厚度接近 0 水平,种箱速度接近−0.5 水平。综合考虑后得出装置的最佳参数组合方案为:型孔直径为 10mm,型孔厚度为 4mm,种箱速度为 0.1091m/s。

4.3.6　验证试验

当型孔直径为 10mm,型孔厚度为 4mm,种箱速度为 0.1091m/s 时,进行验证试验,所得到的性能指标见表 4-7。

表 4-7　验证试验所得性能指标

空穴率/%	单粒率/%	充种率/%	重充率/%	损伤率/%
0.46	2.27	94.81	2.46	0.479

通过试验证明，由最佳参数组合方案所做的验证试验，得到的性能指标均接近理论值，且能满足技术要求。

4.4 小结

1)运用微分方程，建立了充种过程中稻种运动模型，并根据充种过程中稻种可能的运动情况，确定了稻种囊入型孔的条件，具体结果如下。

a. 充种过程中稻种运动轨迹为开口向上的抛物线，抛物线开口的大小与充种速度有关。

b. 稻种的水平速度与型孔直径、型孔厚度及稻种尺寸有关，稻种囊入型孔的水平速度随稻种的几何尺寸及型孔直径、型孔厚度的变化而变化。以'空育131'的稻种为例，当型孔直径取 10mm、型孔厚度取 4mm 时，稻种水平速度应当满足 $0.095\text{m/s} \leqslant v_x \leqslant 0.135\text{m/s}$ 。当稻种水平速度为 0.135m/s 时，稻种充种过程运动轨迹为 $y=214.9x^2$。

2)在自行研制的试验台上，进行了单因素和回归正交旋转组合试验，得出如下结论。

a. 通过型孔直径、型孔厚度、种箱速度的单因素试验研究，得出：充种率最高点分别发生在型孔直径为 10mm、型孔厚度为 4mm、种箱速度为 0.115m/s 处。

b. 依据二次正交旋转组合设计的试验方法，建立了型孔直径、型孔厚度、种箱速度对性能指标的回归方程，探讨了型孔直径、型孔厚度、种箱速度 3 个因素对单粒率、空穴率、重充率、充种率、损伤率等性能指标的影响规律。通过回归分析，得出影响单粒率、空穴率、重充率、充种率、损伤率的主次因素如下。

影响空穴率的各因素主次顺序为：型孔直径＞种箱速度＞型孔厚度。影响单粒率的各因素主次顺序为：型孔厚度＞型孔直径＞种箱速度。影响充种率的各因素主次顺序为：型孔直径＞型孔厚度＞种箱速度。影响重充率的各因素主次顺序为：型孔直径＞型孔厚度＞种箱速度。影响损伤率的各因素主次顺序为：型孔直径＞型孔厚度＞种箱速度。

c. 采用主目标函数法，用 Matlab 进行优化求解，得到最优参数为：型孔直径为 10mm，型孔厚度为 4mm，种箱速度为 0.1091m/s，通过验证试验所得到的性能指标均满足技术要求。

5 机械式水稻植质钵盘精量播种装置投种机理研究

5.1 机械式水稻植质钵盘精量播种装置投种工作原理

机械式水稻植质钵盘精量播种装置投种部件主要由型孔板、翻板组成，如图5-1所示。当充种过程完成后，型孔内充入一定量稻种，翻板在拉杆的带动下转动，在摩擦力、重力、惯性力等作用下，稻种与型孔、翻板发生相对运动，当翻板转过一定角度，稻种在翻板上运动到一定程度后，稻种与翻板发生分离，分离后，稻种在自身重力的作用下，以一定的初速度、沿一定的轨迹下落，最后落入秧盘穴，完成播种装置投种过程。

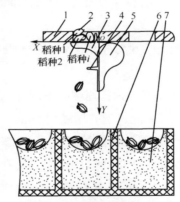

图 5-1　播种装置投种过程示意图
1. 型孔板；2. 稻种；3. 翻板；4. 清种舌；5. 转轴；6. 秧盘；7. 营养土

5.2 机械式水稻植质钵盘精量播种装置投种过程的动力学分析

5.2.1 动力学分析方法简介

随着动力学的发展，目前已经形成了比较系统的研究方法[88-91]，其中主要有工程中常用的常规经典力学方法(以牛顿-欧拉方程为代表的矢量力学方法和以拉格朗日方程为代表的分析力学方法)、图论(R-W)方法、凯恩方法、变分方法等,其中拉格朗日方程已经广泛应用于多刚体系统动力学。由于刚体系统十分复杂,对于具有多余坐标的完整约束系统或非完整约束系统,用拉格朗日方程处理是一种十分规格化的方法。1788 年,拉格朗日发表了名著《分析力学》,建立了经典力学的拉格朗日形式,用体系的动能和势能取代了牛顿形式的加速度和力,将力学的研究和应用范围开拓到整个物理学。其中拉格朗日方程是一个二阶微分方程组,方程个数与体系的自由度相同,形式简洁、结构紧凑,而且无论选取什么参数作广义坐标,方程形式不变,方程中不出现约束反力,因而在建立体系的方程时,只需分析已知的主动力,不必考虑未知的约束反力,体系越复杂,约束条件越多,自由度越少,方程个数越少,问题越简单,并且拉格朗日方程是从能量的角度来描述动力学规律的,能量是整个物理学的基本物理量而且是标量,因此拉格朗日方程为把力学规律推广到其他物理学领域开辟了可能性,成为力学与其他物理学分支相联系的桥梁。拉格朗日方程在理论上、方法上、形式上和应用上用高度统一的规律,描述了力学系统的动力学规律,为解决体系的动力学问题提供了统一的程序化的方法,不仅在力学范畴有重要的理论意义和实用价值,而且为研究近代物理学提供了必要的物理思想和数学技巧。因此,本课题采用第二拉格朗日方程对机械式水稻植质钵盘精量播种装置投种过程中稻种进行动力学分析,其结果更真实,更能达到揭示该装置投种机理的目的。

5.2.2　假设条件

(1)忽略播种装置投种过程中稻种与型孔板的变形,将稻种、翻板均看成刚体。
(2)忽略稻种形状对播种装置投种过程的影响,将稻种看成质点。

5.2.3　机械式水稻植质钵盘精量播种装置投种过程动力学模型的建立

建立坐标系如图 5-2 所示,取翻板、稻种组成的系统为研究对象,初位置为稻种、翻板均处于水平时,设型孔内充种数量为 n,稻种任意位置位移分别为 μ_1、$\mu_2, \ldots, \mu_i, \ldots, \mu_n$,任意位置翻板与水平面夹角 θ,μ_i、θ 为广义坐标,翻板长度

为 l ，系统 1 为稻种，系统 2 为翻板。

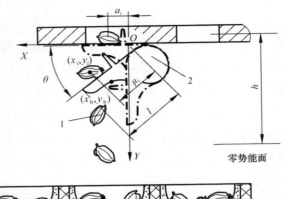

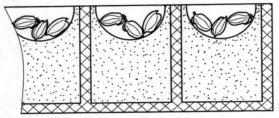

图 5-2   播种装置投种过程系统分析图

图 5-2 中， h —— 稻种落种高度（m）；

   μ_i —— 稻种任意位置位移（m），$\mu_i = S_i + a_i$[式中，S_i 为稻种在翻板上运动时，任意时刻第 i 粒稻种相对于翻板的位移（m），关于时间的函数表示为：$S_i = S_i(t)$；a_i 为第 i 粒稻种初始位置到翻板转轴的距离（m），为常数]；

   θ —— 翻板角位移（rad），关于时间的函数表示为： $\theta = \theta(t)$；

   y_i —— 第 i 粒稻种质心的 Y 轴坐标（m）；

   x_i —— 第 i 粒稻种质心的 X 轴坐标（m）；

   m_i —— 第 i 粒稻种质量（kg）；

   y_b —— 翻板质心的 Y 轴坐标（m）；

   x_b —— 翻板质心的 X 轴坐标（m）；

   m_b —— 翻板质量（kg）。

根据图 5-2，得

$$y_i = \mu_i \sin \theta$$

$$x_i = \mu_i \cos \theta$$

$$y_b = \frac{l}{2}\sin\theta$$

$$x_b = \frac{l}{2}\cos\theta$$

将稻种质心坐标分别对时间 t 进行求导，得

$$\dot{y}_i = \dot{\mu}_i\sin\theta + \mu_i\cos\theta\dot{\theta}$$

$$\dot{x}_i = \dot{\mu}_i\cos\theta - \mu_i\sin\theta\dot{\theta}$$

5.2.3.1　系统动能

根据投种过程播种装置工作原理，得系统动能表达式为

$$T = \frac{1}{2}\sum_{i=1}^{n}m_i\dot{x}_i^2 + \frac{1}{2}\sum_{i=1}^{n}m_i\dot{y}_i^2 + \frac{1}{2}\times\frac{1}{3}m_bl^2\dot{\theta}^2$$

将质心坐标对时间的求导结果代入系统动能表达式，得

$$T = \frac{1}{2}\sum_{i=1}^{n}m_i\left(\dot{\mu}_i^2 + \mu_i^2\dot{\theta}^2\right) + \frac{1}{6}m_bl^2\dot{\theta}^2 \tag{5-1}$$

1）系统动能对第 1 粒稻种位移、速度、加速度求偏导，得

$$\frac{\partial T}{\partial\mu_1} = \frac{1}{2}m_1\left(2\mu_1\dot{\theta}^2\right) + 0 = m_1\mu_1\dot{\theta}^2 \tag{5-2}$$

$$\frac{\partial T}{\partial\dot{\mu}_1} = \frac{1}{2}m_1\left(2\dot{\mu}_1\right) = m_1\dot{\mu}_1 \tag{5-3}$$

$$\frac{\mathrm{d}}{\mathrm{d}t}\left(\frac{\partial T}{\partial\mu_1}\right) = m_1\dot{\mu}_1\dot{\theta}^2 + 2m_1\mu_1\dot{\theta}\ddot{\theta} \tag{5-4}$$

$$\frac{\mathrm{d}}{\mathrm{d}t}\left(\frac{\partial T}{\partial\dot{\mu}_1}\right) = m_1\ddot{\mu}_1 \tag{5-5}$$

2）系统动能对第 2 粒稻种位移、速度、加速度求偏导，得

$$\frac{\partial T}{\partial\mu_2} = \frac{1}{2}m_2\left(2\mu_2\dot{\theta}^2\right) + 0 = m_2\mu_2\dot{\theta}^2 \tag{5-6}$$

$$\frac{\partial T}{\partial\dot{\mu}_2} = \frac{1}{2}m_2\left(2\dot{\mu}_2\right) = m_2\dot{\mu}_2 \tag{5-7}$$

$$\frac{\mathrm{d}}{\mathrm{d}t}\left(\frac{\partial T}{\partial \mu_2}\right) = m_2\dot{\mu}_2\dot{\theta}^2 + 2m_2\mu_2\dot{\theta}\ddot{\theta} \tag{5-8}$$

$$\frac{\mathrm{d}}{\mathrm{d}t}\left(\frac{\partial T}{\partial \dot{\mu}_2}\right) = m_2\ddot{\mu}_2 \tag{5-9}$$

3) 系统动能对第 i 粒稻种位移、速度、加速度求偏导，得

$$\frac{\partial T}{\partial \mu_i} = \frac{1}{2}m_i\left(2\mu_i\dot{\theta}^2\right) + 0 = m_i\mu_i\dot{\theta}^2 \tag{5-10}$$

$$\frac{\partial T}{\partial \dot{\mu}_i} = \frac{1}{2}m_i\left(2\dot{\mu}_i\right) = m_i\dot{\mu}_i \tag{5-11}$$

$$\frac{\mathrm{d}}{\mathrm{d}t}\left(\frac{\partial T}{\partial \mu_i}\right) = m_i\dot{\mu}_i\dot{\theta}^2 + 2m_i\mu_i\dot{\theta}\ddot{\theta} \tag{5-12}$$

$$\frac{\mathrm{d}}{\mathrm{d}t}\left(\frac{\partial T}{\partial \dot{\mu}_i}\right) = m_i\ddot{\mu}_i \tag{5-13}$$

4) 系统动能对翻板角位移、角速度、角加速度求偏导，得

$$\frac{\partial T}{\partial \theta} = 0 \tag{5-14}$$

$$\frac{\partial T}{\partial \dot{\theta}} = \frac{1}{2}m_1\mu^2 \times 2\dot{\theta} + \frac{1}{3}m_2l^2\dot{\theta} = \left(m_1\mu^2 + \frac{1}{3}m_2l^2\right)\dot{\theta} \tag{5-15}$$

$$\frac{\mathrm{d}}{\mathrm{d}t}\left(\frac{\partial T}{\partial \dot{\theta}}\right) = 2m_1\mu\dot{\mu}\dot{\theta} + \left(m_1\mu^2 + \frac{1}{3}m_2l^2\right)\ddot{\theta} \tag{5-16}$$

5.2.3.2　系统势能

根据投种过程播种装置工作原理，得系统势能表达式为

$$V = m_b gh - m_b g\frac{l}{2}\sin\theta + \sum_{i=1}^{n}m_i gh - \sum_{i=1}^{n}m_i g\mu_i\sin\theta$$

1) 系统势能对第 i 粒稻种位移求偏导，得

$$\frac{-\partial V}{\partial \mu_i} = m_i g\sin\theta \tag{5-17}$$

2) 系统势能对板角位移求偏导，得

$$-\frac{\partial V}{\partial \theta} = \left(\frac{1}{2} m_{\mathrm{b}} g + \sum m_i g \mu\right)\cos\theta \tag{5-18}$$

5.2.3.3　动力学模型的建立

根据第二拉格朗日方程：

$$\frac{\mathrm{d}}{\mathrm{d}t}\left(\frac{\partial T}{\partial \dot{q}_k}\right) - \frac{\partial T}{\partial q_k} + \frac{\partial V}{\partial q_k} = 0$$

式中，T —— 系统动能；

$\quad\quad V$ —— 系统势能；

$\quad\quad q_k$ —— 广义坐标（m）。

1）当广义坐标 q_k 取 μ_1 时，第二拉格朗日方程变形为

$$\frac{\mathrm{d}}{\mathrm{d}t}\left(\frac{\partial T}{\partial \dot{\mu}_1}\right) - \frac{\partial T}{\partial \mu_1} + \frac{\partial V}{\partial \mu_1} = 0 \tag{5-19}$$

将公式（5-2）、公式（5-5）和公式（5-17）代入公式（5-19），得

$$m_1\ddot{\mu}_1 - m_1\mu_1\dot{\theta}^2 = m_1 g \sin\theta \tag{5-20}$$

2）当广义坐标 q_k 取 μ_2 时，第二拉格朗日方程变形为

$$\frac{\mathrm{d}}{\mathrm{d}t}\left(\frac{\partial T}{\partial \dot{\mu}_2}\right) - \frac{\partial T}{\partial \mu_2} + \frac{\partial V}{\partial \mu_2} = 0 \tag{5-21}$$

将公式（5-6）、公式（5-9）和公式（5-17）代入公式（5-21），得

$$m_2\ddot{\mu}_2 - m_2\mu_2\dot{\theta}^2 = m_2 g \sin\theta \tag{5-22}$$

3）当广义坐标 q_k 取 μ_i 时，第二拉格朗日方程变形为

$$\frac{\mathrm{d}}{\mathrm{d}t}\left(\frac{\partial T}{\partial \dot{\mu}_i}\right) - \frac{\partial T}{\partial \mu_i} + \frac{\partial V}{\partial \mu_i} = 0 \tag{5-23}$$

将公式（5-10）、公式（5-13）和公式（5-17）代入公式（5-23），得

$$m_i\ddot{\mu}_i - m_i\mu_i\dot{\theta}^2 = m_i g \sin\theta \tag{5-24}$$

4）当广义坐标 q_k 取 θ 时，第二拉格朗日方程变形为

$$\frac{\mathrm{d}}{\mathrm{d}t}\left(\frac{\partial T}{\partial \dot{\theta}}\right) - \frac{\partial T}{\partial \theta} + \frac{\partial V}{\partial \theta} = 0 \tag{5-25}$$

将公式(5-16)~公式(5-18)代入公式(5-25)，得

$$2\sum_{i=1}^{n} m_i \mu_i \dot{\mu}_i \dot{\theta} + \left(\sum_{i=1}^{n} m_b \mu_i^2 + \frac{1}{3} m_b l^2\right)\ddot{\theta} = \left(\frac{l}{2} m_b g + \sum_{i=1}^{n} m_i g \mu_i\right)\cos\theta \tag{5-26}$$

由公式(5-24)和公式(5-26)可知，播种装置进行投种过程中，翻板和稻种的运动位移、速度、加速度与翻板长度、翻板质量和稻种质量均有关。

5.2.4 机械式水稻植质钵盘精量播种装置投种过程稻种动力仿真分析

公式(5-24)、公式(5-26)是非线性微分方程组，用常规方法难以求解，须借助于计算机进行数字仿真。Runge-Kutta 法是常用的常微分方程数字解法[92]。本书采用自适应变步长技术，兼顾仿真效率和精度，根据公式(5-24)、公式(5-26)，在 Matlab 环境下，用 ode15s、dsolve 等命令设计仿真程序对翻板和稻种的运动位移、速度、加速度进行仿真如下。

5.2.4.1 仿真初始条件及关键参数

(1)仿真初始条件

$$t = 0 \quad \mu_i = a_i \quad \dot{\mu}_i = 0$$
$$t = 0 \quad \theta = 0 \quad \dot{\theta} = 0$$

(2)仿真关键参数

仿真关键参数见表 5-1。

表 5-1　仿真关键参数

序号	名称	符号	数值/材料	单位
1	型孔直径	d	10	mm
2	型孔厚度	E	4	mm

序号	名称	符号	数值/材料	单位
3	稻种品种		空育 131	
4	稻种含水率		23～24	%
5	翻板长度		14	mm
6	翻板材料		聚碳酸酯	

5.2.4.2　仿真结果与分析

1）在型孔内稻种数量 $n=1$ 条件下，对翻板的角位移 θ、角速度 $\dot{\theta}$、角加速度 $\ddot{\theta}$，以及稻种运动的位移 μ、速度 $\dot{\mu}$、加速度 $\ddot{\mu}$ 进行仿真，得到翻板的角位移 θ、角速度 $\dot{\theta}$、角加速度 $\ddot{\theta}$，以及稻种运动的位移 μ、速度 $\dot{\mu}$、加速度 $\ddot{\mu}$ 随时间的变化规律，如图 5-3～图 5-8 所示。

由图 5-3、图 5-5 和图 5-7 可知，翻板的角位移、角速度、角加速度均随时间的增加呈非线性增加。当时间由 0s 增加到 0.2s 时，翻板的角位移增加幅度较小，仅增加了 0.15rad，当时间由 0.2s 增加到 0.3s 时，翻板的角位移增加幅度较大，增加了 0.55rad；当时间由 0s 增加到 0.08s 时，翻板的角速度随时间的变化曲线趋于线性，在 0.08s 处有一处折拐，当时间由 0.08s 增加到 0.3s 时，角速度呈抛物线形增加，增加到 1.75rad/s，增加幅度小于 0.08s 之前的增加幅度；当时间由 0s 增加到 0.06s 时，翻板的角加速度变化幅度非常小，当时间由 0.1s 增加到 0.3s 时，翻板的角加速度变化幅度增加。

由图 5-4、图 5-6 和图 5-8 可知，稻种运动的位移、速度、加速度均随时间的增加呈非线性增加。当时间由 0s 增加到 0.1s 时，稻种运动的位移、速度、加速度增加幅度较小，其中稻种运动位移增加到 20mm，速度、加速度近似于稳定；当时间由 0.1s 增加到 0.3s 时，稻种运动的位移、速度、加速度增加幅度较大，其中稻种运动位移增加到 187mm，速度增加到 1.75m/s，加速度增加到 7.2m/s^2。

由图 5-9 和图 5-10 可知，稻种运动位移随翻板角位移的增加而呈上凸形抛物线变化，稻种运动速度随翻板角速度的增加而呈下凸形抛物线变化，表明翻板的角位移、角速度影响稻种的运动位移、运动速度。翻板角位移、角速度越大，稻种运动位移、运动速度越大，稻种越易与翻板发生分离，播种装置投种效率越高。

同时由于稻种运动速度越大，下落后水平位移增加，使得稻种落入秧盘后运动轨迹分散，而影响投种率，因此翻板角速度不宜太大。

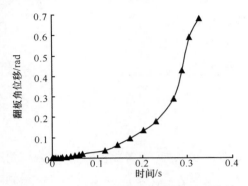

图 5-3　翻板角位移随时间变化的关系曲线

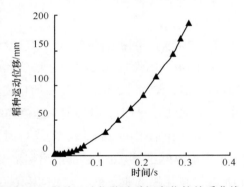

图 5-4　稻种运动位移随时间变化的关系曲线

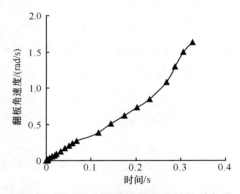

图 5-5　翻板角速度随时间变化的关系曲线

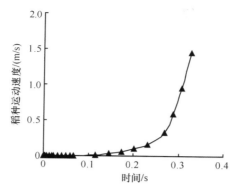

图 5-6 稻种运动速度随时间变化的关系曲线

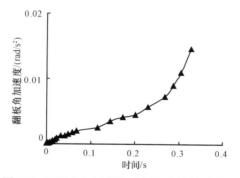

图 5-7 翻板角加速度随时间变化的关系曲线

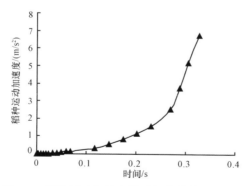

图 5-8 稻种运动加速度随时间变化的关系曲线

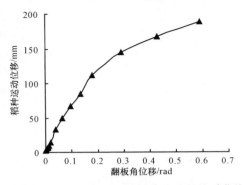

图 5-9　稻种运动位移与翻板角位移的关系曲线

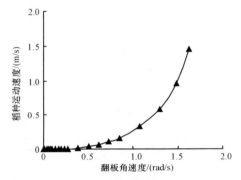

图 5-10　稻种运动速度与翻板角速度的关系

2) 在型孔内稻种数量 $n=3$ 条件下，设 3 粒稻种初始位置距翻板转轴的距离分别为 $a_3=2$mm、$a_2=6$mm、$a_1=14$mm，对 3 粒稻种与翻板分离过程的运动位移、运动速度进行仿真，得到稻种运动位移、运动速度随时间的变化规律，如图 5-11 和图 5-12 所示。由图 5-11 和图 5-12 可知，3 粒稻种运动位移、运动速度随时间的变化规律相似，但 3 粒稻种初始位置不同，稻种开始运动时间、与翻板分离时间均不同。当投种开始时，3 粒稻种首先与翻板保持相对静止，随着时间的增加，3 粒稻种开始慢慢移动，其中稻种 1 首先开始运动，开始时稻种运动缓慢，当时间为 0.05s 后，其位移、速度急剧增加；其次稻种 2 开始运动，当时间为 0.1s 后，其运动位移、运动速度急剧增加；最后稻种 3 开始运动，当时间为 0.2s 后，其运动位移、运动速度急剧增加。3 粒稻种虽与翻板分离时间不同，但分离时的速度值相近，均近似等于 1m/s。

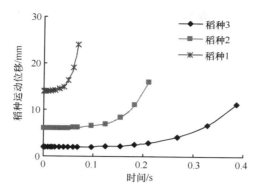

图 5-11 稻种运动位移随时间变化的关系曲线

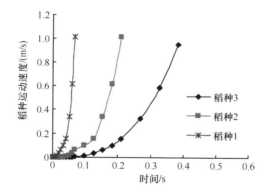

图 5-12 稻种运动速度随时间变化的关系曲线

3)在型孔内稻种数量 $n=4$ 条件下，当 4 粒稻种初始位置距翻板转轴的距离分别为 $a_4=2mm$、$a_3=6mm$、$a_2=10mm$、$a_1=14mm$ 时，对 4 粒稻种运动位移、运动速度进行仿真，得出稻种运动位移、运动速度随时间的变化规律，如图 5-13 和图 5-14 所示。由图 5-13 和图 5-14 可知，4 粒稻种运动位移、运动速度随时间的变化规律相似。但稻种运动位移、运动速度均与稻种在翻板上的初始位置有关，4 粒稻种位置不同，稻种开始运动时间、与翻板分离时间均不同。当投种开始时，4 粒稻种首先与翻板保持相对静止，随着时间的增加，4 粒稻种开始慢慢移动。其中稻种 1 首先开始运动，开始时稻种运动缓慢，当时间为 0.05s 后，其位移、速度急剧增加；其次稻种 2 开始运动，其运动位移、速度随时间的变化规律与稻种 1 相近，当时间为 0.06s 后，其运动位移、运动速度急剧增加；再次稻种 3 开始运动，当时间为 0.1s 后，其运动位移、运动速度急剧增加；最后稻种 4 开始运动，当时间为 0.2s 后，其运动位移、运动速度急剧增加。4 粒稻种虽与翻板分离时间不同，但分离时的速度值相近，均近似等于 1m/s。

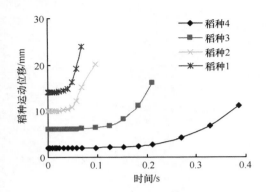

图 5-13　稻种运动位移随时间变化的关系曲线

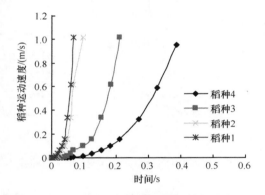

图 5-14　稻种运动速度随时间变化的关系曲线

4) 在型孔内稻种数量 $n=5$ 条件下，设 5 粒稻种初始位置距翻板转轴的距离分别为 $a_5=2mm$、$a_4=6mm$、$a_3=10mm$、$a_2=12mm$、$a_1=14mm$，对 5 粒稻种与翻板分离过程的运动位移、运动速度进行仿真，得到稻种运动位移、运动速度随时间的变化规律，如图 5-15 和图 5-16 所示。由图 5-15 和图 5-16 可知，5 粒稻种运动位移、运动速度随时间的变化规律相似。但稻种运动位移、运动速度均与稻种在翻板上的初始位置有关。5 粒稻种位置不同，稻种开始运动时间、与翻板分离时间均不同。当投种开始时，5 粒稻种首先与翻板保持相对静止，随着时间的增加，5 粒稻种开始慢慢移动。其中稻种 1 首先开始运动，开始时稻种运动缓慢，当时间为 0.05s 后，其位移、速度急剧增加；其次稻种 2、稻种 3 开始运动，稻种 2、稻种 3 的运动位移、速度随时间的变化规律与稻种 1

相近，尤其是稻种 1 与稻种 2 的运动速度变化规律近似于一条线，但由于其初始位置不同，因此位移变化规律略有不同，当时间分别为 0.055s、0.06s 后，稻种 2、稻种 3 的运动位移、运动速度急剧增加；再次稻种 4 开始运动，稻种 4 开始运动的时间、与翻板分离时间均比前 3 粒稻种时间长，当时间为 0.1s 后，其运动位移、运动速度急剧增加，0.2s 后开始与翻板发生分离；最后稻种 5 开始运动，其运动规律与稻种 4 相似，当时间为 0.2s 后，其运动位移、运动速度急剧增加。5 粒稻种虽与翻板分离时间不同，但分离时的速度值相近，均近似等于 1m/s。

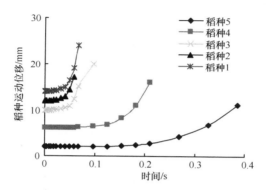

图 5-15 稻种运动位移随时间变化的关系曲线

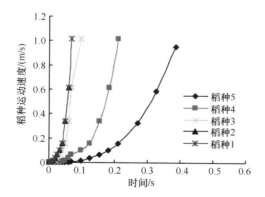

图 5-16 稻种运动速度随时间变化的关系曲线

5.3　机械式水稻植质钵盘精量播种装置投种过程中稻种运动学分析

5.3.1　稻种运动过程速度模型的建立

机械式水稻植质钵盘精量播种装置投种过程中稻种的运动可分成以下两部分。

5.3.1.1　稻种在翻板上运动时

稻种在翻板上运动时，一方面随着定轴转动的翻板一起转动；另一方面由于受到翻板的支持力、摩擦力、自身重力、惯性力等作用，相对于翻板开始慢慢滑动。第 2 章水稻芽种物理特性的研究结果表明水稻芽种的几何尺寸较小，因此可以忽略稻种的几何形状对其运动的影响，将稻种看成质点。选取稻种作为研究对象，定参考系固联在固定不动的机架上，动参考系建立在旋转翻板上。根据点的合成运动学理论[42-43]，其运动可分解为牵连运动和相对运动，牵连运动为翻板的定轴转动；相对运动为稻种相对于翻板的直线运动，设该稻种初始位置到翻板转轴的距离为 a，稻种在翻板上运动位移为 λ，稻种绝对速度为 v_a，牵连速度为 v_e，相对速度为 v_r，稻种绝对运动速度与牵连速度的夹角（以下简称稻种运动方向角）为 β。稻种的运动速度分析如图 5-17 所示。

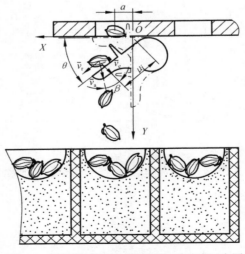

图 5-17　播种装置投种过程稻种运动速度示意图

根据播种装置投种过程稻种运动速度示意图 5-8，可得速度投影方程如下。

$$v_a \cos \beta = v_e$$

$$v_a \sin \beta = v_r$$

式中，v_a —— 稻种的绝对速度(m/s)；

v_e —— 稻种的牵连速度(m/s)，方向为稻谷所在翻板位置的切线方向，垂直于翻板，大小：$v_e = \dot{\theta}\mu$ [式中，μ 为任意时刻任意稻种位移(m)；$\dot{\theta}$ 为翻板角位移 (rad)]；

v_r —— 稻种的相对速度(m/s)，沿翻板长度方向，可表示为 $v_r = \dfrac{\mathrm{d}\lambda_i}{\mathrm{d}t}$ [式中，λ_i 为任意稻种与翻板的相对位移(m)]；

β —— 稻种绝对速度与牵连速度的夹角(rad)。

由于稻种在翻板上运动属于点的合成运动，因此速度遵循速度合成定理[92-95]：

$$\bar{v}_a = \bar{v}_e + \bar{v}_r$$

将速度投影方程代入点的速度合成定理表达式，得

$$\tan \beta = \frac{v_r}{v_e} = \frac{\dot{\lambda}_i}{\dot{\theta}\lambda} \tag{5-27}$$

$$\dot{\mu}_i{}^2 = \dot{\theta}^2 \lambda_i{}^2 + \dot{\lambda}_i{}^2 \tag{5-28}$$

由公式(5-27)和公式(5-28)可知稻种的运动方向角与稻种在翻板的初始位置、翻板角速度、稻种相对速度均有关。其中与稻种在翻板的初始位置、翻板角速度成反比，与稻种相对速度成正比，稻种位置距转轴越远即越靠近翻板边缘、翻板角速度越大、稻种相对速度越小，稻种的运动方向角越小，稻种分离后运动越平缓；稻种的运动速度与稻种运动方向角、稻种相对速度有关，其中与稻种运动方向角成反比，与稻种相对速度成正比。

5.3.1.2　稻种脱离翻板后

稻种与翻板脱离后主要受到自身重力的作用，因此分离后的运动方程、轨迹可表示为

$$x = \dot{\mu}_i \sin\left(\theta + \frac{\pi}{2} - \beta\right)t \tag{5-29}$$

$$y = \dot{\mu}_i \cos\left(\theta + \frac{\pi}{2} - \beta\right) t - \frac{1}{2} g t^2 \qquad (5\text{-}30)$$

$$y = \cot\left(\theta + \frac{\pi}{2} - \beta\right) x - \frac{1}{2} g \left(\frac{x}{\dot{\mu}_i \sin(\theta + \frac{\pi}{2} - \beta)}\right)^2 \qquad (5\text{-}31)$$

由稻种与翻板分离后的运动方程、轨迹表达式可知，稻种与翻板脱离后，水平运动位移、竖直运动位移均取决于稻种与翻板分离时的运动速度和运动方向角，稻种与翻板分离后水平运动位移随时间呈线性增加，稻种的垂直位移随时间呈抛物线形增加。

5.3.2　稻种运动过程速度模型仿真

利用 Matlab 对稻种运动轨迹、运动位移、运动速度及翻板的运动进行仿真如下。

5.3.2.1　仿真初始条件

$$t = 0 \quad \beta = 0$$
$$t = 0 \quad v_a = 0$$

5.3.2.2　仿真结果与分析

1) 在型孔内稻种数量 $n=1$ 条件下，对稻种运动方向角 β 与运动速度 v_a 进行仿真，获得稻种运动方向角 β 与运动速度 v_a 之间的变化关系曲线，如图 5-18 所示。由图 5-18 可知，当开始运动时，稻种运动速度急剧增加，稻种运动方向角保持不变，数值为零，表明开始运动时稻种与翻板保持相对静止，没有相对运动，即稻种相对速度为 0m/s，因此稻种绝对速度主要由牵连速度构成，绝对速度和牵连速度方向保持一致，绝对速度随着牵连速度的增加而增加；当运动到一定时间后，稻种运动速度达到 0.6m/s 后，稻种运动方向角开始发生变化，随着稻种运动方向角的增加，稻种运动速度缓慢增加，表明当翻板转过一定角度后，稻种与翻板开始产生相对运动，稻种相对速度不再为零，稻种的绝对速度主要由牵连速度和相对速度共同构成，随着稻种相对速度的增加，稻种的绝对速度逐渐偏离牵连速度，偏向相对速度，当稻种的相对速度产生的相对位移超出翻板长度后，稻种与翻板发生分离。

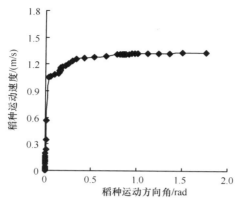

图 5-18　稻种运动速度随运动方向角变化的关系曲线

当稻种与翻板分离时的运动方向角为 0.135rad 时，对稻种分离后的运动轨迹进行仿真，获得稻种与翻板发生分离后的运动轨迹速度如图 5-19 所示。由图 5-19 可知，稻种与翻板分离后在垂直方向做加速运动，水平方向做匀速运动，稻种水平位移随着垂直位移的增加而增加，运动轨迹符合二次曲线，垂直位移越小，投种过程稻种水平位移越小。

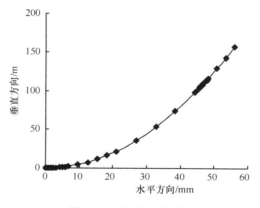

图 5-19　稻种运动轨迹

2) 在型孔内稻种数量 $n=1$ 条件下，对稻种运动方向角 β、稻种与翻板相对速度进行仿真，获得稻种运动方向角 β 及稻种与翻板相对速度随时间的变化规律，如图 5-20 和图 5-21 所示。

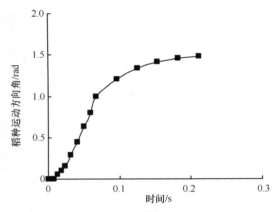

图 5-20　稻种运动方向角随时间变化的关系曲线

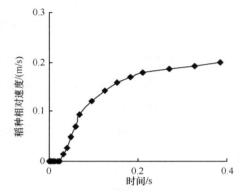

图 5-21　稻种相对速度随时间变化的关系曲线

由图 5-20 和图 5-21 可知，稻种运动方向角 β、相对速度随时间的变化规律相似，均随时间的增加先保持不变而后逐渐呈非线性增加，表明播种装置开始进行投种时，随着翻板的转动，稻种先相对于翻板保持相对静止，随着翻板的运动角位移、角速度的增加，稻种逐渐与翻板发生相对加速运动，随着相对速度的增加，稻种运动方向逐渐由垂直于翻板方向转向稻种相对于翻板运动方向。由此可见，当稻种与翻板发生分离时，稻种的运动方向偏向于翻板转轴的前下方，稻种与翻板分离后，稻种将向翻板转轴的前下方运动，其水平位移、垂直位移取决于稻种与翻板发生分离时的绝对速度和稻种自身重力。

3）在型孔内稻种数量为 $n=3$ 条件下，设 3 粒稻种初始位置距翻板转轴的距离 $a_1=14mm$、$a_2=6mm$、$a_3=2mm$，对 3 粒稻种在翻板上时的运动方向角 β、运动速度进行仿真，得到稻种运动方向角 β、运动速度随时间的变化规律，如图 5-22 和图 5-23 所示。由图 5-22 和图 5-23 可知，稻种与翻板分离前，在翻板上运动时的运动方向角和运动速度均与稻种在翻板上的初始位置有关，在相同时间下，稻种越靠近翻板转轴，运动方向角和运动速度越大，其中当时间为 0.1s 时，不同稻种的运动方向角的差异达到峰值后又开始逐渐变小；运动速度随时间的增加而呈非线性递增，从稻种 1 到稻种 3，运动速度的增加幅度逐渐降低。

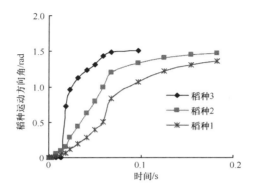

图 5-22　稻种运动方向角随时间变化的关系曲线

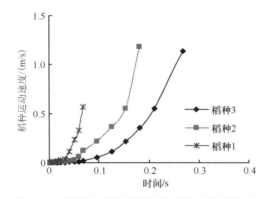

图 5-23　稻种运动速度随时间变化的关系曲线

当 3 粒稻种与翻板分离时间分别为 0.067s、0.0967s、0.26s 时，稻种的运动方向角分别为 0.51rad、0.91rad、1.53rad，分离时稻种的运动速度分别为 0.56m/s、0.5m/s、1.14m/s。稻种与翻板分离后稻种主要靠自身重力下落，因此根据公式得到稻种与翻板分离后稻种下落过程的运动轨迹和速度如图 5-24 和图 5-25 所示。由图 5-24 和图 5-25 可知，3 粒稻种均向前下方做加速运动，经拟合运动轨迹方程均符合二次曲线。稻种水平位移随垂直位移的增加而增加，即当垂直位移为 26mm时，3 粒稻种的水平位移分别为 3.23mm、7.58mm、16.35mm，最大相差 13.12mm；当垂直位移为 37mm 时，5 粒稻种的水平位移分别为 5.55mm、10.52mm、20.71mm，相差 15.16mm。处于翻板边缘的稻种水平位移最小,处于翻板内侧的稻种水平位移最大。稻种与翻板分离后,速度随时间呈线性递增,表明当稻种与翻板分离后受力恒定,主要受自身重力作用。

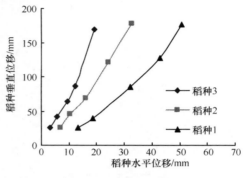

图 5-24　稻种运动轨迹

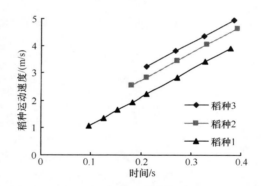

图 5-25　稻种运动速度随时间变化的关系曲线

4)在型孔内稻种数量 $n=4$ 条件下,当稻种初始位置距翻板转轴的距离 a 分别为 $a_1=14\text{mm}$、$a_2=10\text{mm}$、$a_3=6\text{mm}$、$a_4=2\text{mm}$ 时,对 4 粒稻种在翻板上时的运动方向角 β、运动速度进行仿真,得到稻种运动方向角 β、运动速度随时间的变化规律,如图 5-26 和图 5-27 所示。由图 5-26 和图 5-27 可知,稻种与翻板分离前,在翻板上运动时的运动方向角和运动速度均与稻种在翻板上的初始位置有关,在相同时间下,稻种越靠近翻板转轴,运动方向角和运动速度越大。其中当时间为 0.1s 时,不同稻种的运动方向角的差异达到峰值后又开始逐渐变小;运动速度随时间的增加而呈非线性递增,从稻种 1 到稻种 4,运动速度的增加幅度逐渐降低。

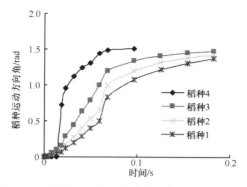

图 5-26 稻种运动方向角随时间变化的关系曲线

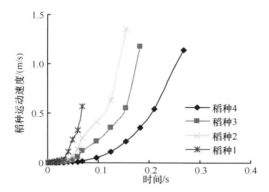

图 5-27 稻种运动速度随时间变化的关系曲线

稻种与翻板脱离后，水平运动位移、竖直运动位移均取决于稻种与翻板分离时的运动速度和运动方向角，稻种与翻板分离后水平运动位移随时间呈线性增加，稻种的垂直位移随时间呈抛物线形增加。当 4 粒稻种与翻板分离时间分别为 0.067s、0.0967s、0.154s、0.26s 时，稻种的运动方向角分别为 0.51rad、0.91rad、1.31rad、1.53rad，分离时稻种的运动速度分别为 0.56m/s、0.5m/s、1.35m/s、1.14m/s。稻种与翻板分离后稻种主要靠自身重力下落，因此根据公式得到稻种与翻板分离后稻种下落过程的运动轨迹和运动速度如图 5-28 和图 5-29 所示。由图 5-28 和图 5-29 可知，4 粒稻种均向前下方做加速运动，经拟合运动轨迹方程均符合二次曲线。稻种水平位移均随着垂直位移的增加而增加，即当垂直位移为 26mm 时，4 粒稻种的水平位移分别为 3.23mm、7.58mm、10.23mm、16.35mm，最大相差 13.12mm；当垂直位移为 37mm 时，4 粒稻种的水平位移分别为 5.55mm、10.52mm、15.02mm、20.71mm，相差 15.16mm。可见，垂直位移越小，位置对稻种投种过程水平位移影响越小，稻种投种率越高。稻种与翻板分离后，速度随时间呈线性递增，表明当稻种与翻板分离后受力恒定，主要受到自身重力作用。

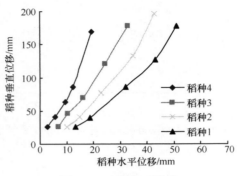

图 5-28　稻种运动轨迹

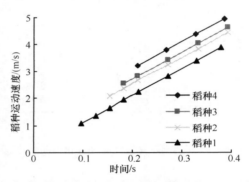

图 5-29　稻种运动速度随时间变化的关系曲线

　　5) 在型孔内稻种数量为 $n=5$ 条件下，设 5 粒稻种初始位置距翻板转轴的距离 $a_1=14mm$、$a_2=12mm$、$a_3=10mm$、$a_4=6mm$、$a_5=2mm$，对 5 粒稻种在翻板上时的运动方向角 β、运动速度进行仿真，得到稻种运动方向角 β、运动速度随时间的变化规律，如图 5-30 和图 5-31 所示。由图 5-30 和图 5-31 可知，稻种与翻板分离前，在翻板上运动时的运动方向角和运动速度均与稻种在翻板上的初始位置有关，在相同时间下，稻种越靠近翻板转轴，运动方向角和运动速度越大，其中当时间为 0.1s 时，不同稻种的运动方向角的差异达到峰值后又开始逐渐变小；运动速度随时间的增加而呈非线性递增，从稻种 1 到稻种 5，运动速度的增加幅度逐渐降低。

　　稻种与翻板脱离后，水平运动位移、竖直运动位移均取决于稻种与翻板分离时的运动速度和运动方向角，稻种与翻板分离后水平运动位移随时间呈线性增加，

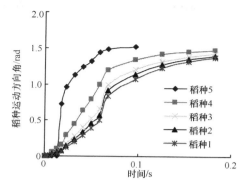

图 5-30 稻种运动方向角随时间变化的关系曲线

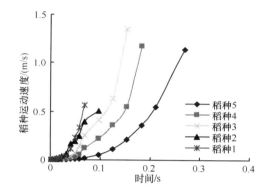

图 5-31 稻种运动速度随时间变化的关系曲线

稻种的垂直位移随时间呈抛物线形增加。当 5 粒稻种与翻板分离时间分别为 0.067s、0.0967s、0.154s、0.182s、0.26s 时，稻种的运动方向角分别为 0.51rad、0.91rad、1.31rad、1.45rad、1.53rad，分离时稻种的运动速度分别为 0.56m/s、0.5m/s、1.35m/s、1.77m/s、1.14m/s。稻种与翻板分离后稻种主要靠自身重力下落，因此根据公式得到稻种与翻板分离后稻种下落过程的运动轨迹和运动速度如图 5-32 和图 5-33 所示。由图 5-32 和图 5-33 可知，5 粒稻种均向前下方做加速运动，经拟合运动轨迹方程均符合二次曲线。稻种水平位移均随着垂直位移的增加而增加，即当垂直位移为 26mm 时，5 粒稻种的水平位移分别为 3.23mm、7.58mm、10.23mm、13.86mm、16.35mm，最大相差 13.12mm；当垂直位移为 37mm 时，5 粒稻种的水平位移分别为 5.55mm、10.52mm、15.02mm、18.72mm、20.71mm，相差 15.16mm。可见，垂直位移越小，位置对稻种投种过程水平位移影响越小，稻种投种率越高。稻种与翻板分离后，速度随时间呈线性递增，表明当稻种与翻板分离后受力恒定，主要受自身重力作用。

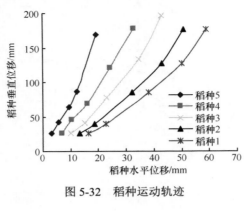

图 5-32　稻种运动轨迹

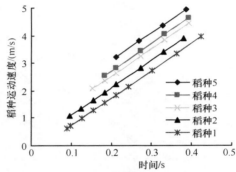

图 5-33　稻种运动速度随时间变化的关系曲线

5.4　机械式水稻植质钵盘精量播种装置投种过程中稻种与翻板分离条件分析

5.4.1　稻种运动过程中加速度模型的建立

根据前述的稻种运动分析表明：稻种与翻板脱离之前受力较复杂，但运动总体符合"点的合成运动"，当稻种与翻板脱离后只靠自身重力运动，运动过程受力较简单。因此，本研究主要对稻种与翻板分离之前的运动加速度进行分析，加速度分析图如图 5-34 所示。

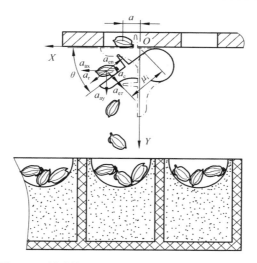

图 5-34 播种装置投种过程稻种运动加速度分析图

根据加速度合成定理[92-93]：

$$\vec{a}_a = \vec{a}_e + \vec{a}_r + \vec{a}_c$$

式中，$\vec{a}_r$ —— 相对加速度$(\mathrm{m/s}^2)$，方向沿稻种在翻板上的翻滚方向，近似认为直线，大小可表述为 $\vec{a}_r = \ddot{\lambda}$；

$\vec{a}_e$ —— 牵连加速度$(\mathrm{m/s}^2)$，矢量表示为：$\vec{a}_e = \vec{a}_e^n + \vec{a}_e^\tau$ [式中，a_e^τ —— 牵连运动做定轴转动引起的切向加速度$(\mathrm{m/s}^2)$，因翻板做匀速旋转，所以 $a_e^\tau = \ddot{\theta}\mu$；

$\vec{a}_e^n$ —— 牵连运动做定轴转动引起的法向加速度$(\mathrm{m/s}^2)$，方向为微元体所在位置的外法线方向，大小：$\vec{a}_e^n = \dot{\theta}^2 \mu$]；

$\vec{a}_c$ —— 科氏加速度$(\mathrm{m/s}^2)$，根据科氏加速度的定义，则方向垂直于脱粒滚筒的角速度 ω 与相对速度 v_r 两矢量所形成的平面，大小：$\vec{a}_c = 2\vec{\omega} \times \vec{v}_r = 2\dot{\theta}v_e$；

$\vec{a}_{a\tau}$ —— 稻谷绝对加速度在切线上的投影$(\mathrm{m/s}^2)$；

$\vec{a}_{an}$ —— 稻谷的绝对加速度在法线上的投影$(\mathrm{m/s}^2)$。

整理得稻种加速度模型表达式：

$$a_{ax} = (a_r - a_{en})\cos\theta - (a_c + a_{e\tau})\sin\theta = (\ddot{\lambda}_i - \dot{\theta}^2\mu_i)\cos\theta - (2\dot{\theta}^2 + \ddot{\theta})\mu_i\sin\theta \quad (5-32)$$

$$a_{ay} = (a_r - a_{en})\sin\theta + (a_c + a_{e\tau})\cos\theta = (\ddot{\lambda}_i - \dot{\theta}^2\mu_i)\sin\theta + (2\dot{\theta}^2 + \ddot{\theta})\mu_i\cos\theta \quad (5-33)$$

由稻种在翻板上运动的加速度表达可知，稻种的加速度与翻板的角位移、角速度、角加速度，稻种与翻板的相对位移，稻种的运动位移、运动速度、运动加速度均有关。

5.4.2　稻种分离条件的建立

根据播种装置投种过程稻种受力分析图 5-35，运用达朗贝尔原理，得

$$F_N - mg\cos\theta = -ma_y\cos\theta + ma_x\sin\theta$$

将稻种加速度模型代入达朗贝尔方程，得

$$F_N = mg\cos\theta - m\left(2\dot{\theta}^2 + \ddot{\theta}\right)\mu \tag{5-34}$$

稻种从翻板上分离的条件：$F_N \leqslant 0$。

设稻种与翻板分离的角度为 α，则稻种与翻板分离的条件是翻板运动位移必须满足条件：

$$\alpha \geqslant \arccos\frac{\mu\left(\dot{\theta}^2 + \ddot{\theta}\right)}{g} \tag{5-35}$$

由公式 (5-35) 可知，稻种与翻板分离角度与翻板角速度、角加速度和稻种运动位移有关。

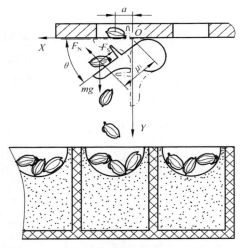

图 5-35　播种装置投种过程稻种受力分析图

F_S 为翻板对稻种的摩擦力 (N)；F_N 为支持力 (N)；mg 为稻种重力 (N)

5.4.3　仿真分析

利用 Matlab 对稻种、翻板运动加速度，以及稻种与翻板分离角进行仿真如下。

5.4.3.1　仿真初始条件

$$t = 0 \quad a_{ax} = 0$$
$$t = 0 \quad a_{ay} = 0$$

5.4.3.2　仿真结果与分析

1) 在型孔内稻种数量 $n=1$ 条件下，对稻种在翻板上运动的水平、垂直加速度进行仿真，获得稻种与翻板脱离前，稻种水平、垂直加速度分别与稻种运动位移、翻板角位移、角速度的关系曲线，如图 5-36～图 5-41 所示。

由图 5-36 和图 5-37 可知，稻种水平、垂直加速度随稻种运动位移的变化规律相似，均随稻种运动位移的增加而呈非线性增加，但增加幅度均较小，其中水平加速度随运动位移增加的数值大于垂直加速度，表明稻种在翻板上运动时，稻种受到的合外力较小，对稻种损伤程度小，水平方向合外力大于垂直方向。

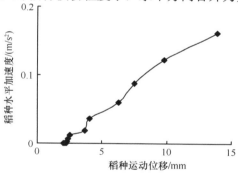

图 5-36　稻种水平加速度与稻种运动位移的关系曲线

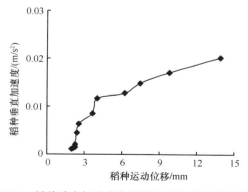

图 5-37　稻种垂直加速度与稻种运动位移的关系曲线

由图 5-38 和图 5-39 可知，稻种水平、垂直加速度随翻板角位移的变化规律相似，均随翻板角位移的增加而呈非线性增加，主要由于稻种开始时水平方向主要受到稻种与翻板的摩擦力，随着翻板角位移的增加，水平方向的外力增加，一部分来自于稻种与翻板间摩擦力的水平分量，另一部分来自于翻板对稻种支持力的水平分量，其中摩擦力的水平分量与稻种运动方向相反，翻板对稻种支持力的水平分量与稻种运动方向相同，随着翻板角位移的增加，摩擦力水平分量越来越小，支持力水平分量越来越大，因此水平加速度随角位移的增加而增加。垂直方向主要受到自身重力、翻板对稻种的支持力作用，当翻板角位移增加后，稻种在垂直方向增加了摩擦力垂直分量的作用，其中自身重力与稻种运动方向相同，翻板对稻种的支持力、翻板对稻种的摩擦力与稻种运动方向相反，随着翻板角位移的增加，翻板对稻种的支持力越来越小，翻板对稻种的摩擦力垂直分量变大，稻种自身重力保持不变，由于翻板对稻种的支持力大于翻板对稻种的摩擦力，因此稻种运动时，稻种垂直加速度随翻板角位移的增加而增加。

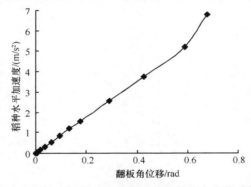

图 5-38　稻种水平加速度随翻板角位移的变化关系曲线

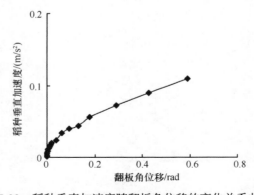

图 5-39　稻种垂直加速度随翻板角位移的变化关系曲线

由图 5-40 和图 5-41 可知，稻种水平、垂直加速度随翻板角速度的变化规律相似，均随翻板角速度的增加而呈非线性增加。可见，稻种在翻板上运动时，翻板角速度对稻种运动加速度有影响，其中对水平加速度影响程度大于垂直方向加速度。即其他条件不变的条件下，随着翻板角速度不同，稻种在翻板上运动时加速度不同，翻板角速度越大，稻种在翻板上运动时的加速度越大，受到的合外力越大，越易受损伤。

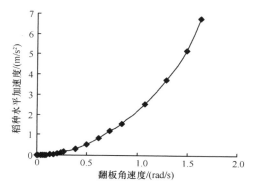

图 5-40　稻种水平加速度随翻板角速度的变化关系曲线

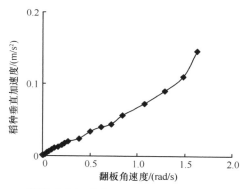

图 5-41　稻种垂直加速度随翻板角速度的变化关系曲线

2) 在其他参数不变的情况下，对稻种与翻板的分离角与稻种在翻板上的位移进行仿真，获得了稻种与翻板分离角与相对位移之间变化的关系曲线，如图 5-42 所示。由图 5-42 可知，稻种与翻板分离时翻板运动位移大小与稻种在翻板上的初始位置有关，当翻板角位移在 $[0, 0.5\pi]$ 变化时，稻种与翻板分离时翻板运动位移与稻种在翻板上的初始位置成反比，即稻种越靠近翻板边缘，稻种与翻板发生分离时，翻板角位移越小，反之，稻种在翻板上的初始位置越小；稻种与翻板分离时翻板角位移越大,稻种越难与翻板发生分离。当稻种在翻板上的初始位移为 2mm 时,稻种与翻板发生分离的分离角为 1.57rad;当稻种在翻板上的初始位移为 14mm 时,稻种与翻板发生分离的分离角为 0.38rad。

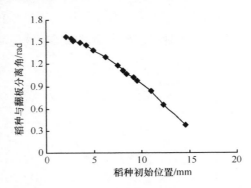

图 5-42　　稻种与翻板分离角随相对位移变化的关系曲线

5.5　小结

1) 基于机械式水稻植质钵盘精量播种装置工作原理,利用第二拉格朗日方程构建了播种装置投种过程动力学模型并进行了仿真,结果如下。

a.稻种相对于翻板的运动位移、速度、加速度随时间而呈非线性增加;稻种运动位移随翻板角位移的增加呈上凸形抛物线变化,稻种运动速度随翻板角速度的增加呈下凸形抛物线变化。

b.稻种运动位移、运动速度随时间的变化规律相似,但稻种在翻板上的初始位置不同,稻种开始运动时间、与翻板分离时间均不同。投种开始时,稻种先保持不变,随着时间的增加,稻种根据所在位置的不同发生慢慢移动、分离,越靠近翻板边缘的稻种越容易与翻板发生分离。

2) 基于机械式水稻植质钵盘精量播种装置工作原理,构建了播种装置投种过程稻种运动模型并进行了仿真,结果如下。

a. 开始投种时稻种与翻板保持相对静止,当翻板转过一定角度后,稻种与翻板开始产生相对运动,当稻种的相对速度产生的相对位移超出翻板长度或翻板对稻种的作用力小于零时,稻种与翻板发生分离。

b. 稻种与翻板分离前，稻种越靠近翻板转轴，运动方向角和运动速度越大；稻种与翻板分离后在垂直方向做加速运动，在水平方向做匀速运动，稻种水平位移随着垂直位移的增加而增加，运动轨迹符合二次曲线，垂直位移越小，投种过程稻种水平位移越小，稻种落入秧盘越集中。

3）基于机械式水稻植质钵盘精量播种装置工作原理，建立了播种装置投种过程中稻种加速度模型，并就稻种与翻板分离的条件并进行了仿真，结果如下。

a. 稻种水平、垂直加速度随稻种运动位移、翻板角位移的变化规律相似，均随稻种运动位移、翻板角位移的增加而呈非线性增加，稻种在翻板上运动时，稻种受到的合外力较小。

b. 稻种与翻板分离时翻板运动位移与稻种在翻板上的初始位置成反比，即稻种越靠近翻板边缘，稻种与翻板发生分离时，翻板角位移越小。

6 基于高速摄像技术的机械式水稻植质钵盘精量播种装置投种过程分析

6.1 试验设备

试验装置见第 4 章图 4-5 所示。投种过程如图 6-1 所示。虚线框为高速摄像系统拍摄区，在进行高速摄像拍摄前，摄像机置于支撑架上。为了便于拍摄，在翻板的拉杆处开设了一个拍摄位置，并去掉了临近的翻板，用于观察水稻投种过程的运动规律。在试验中采用美国 Vision Research 公司生产的 V5.1 型高速摄像机和深圳生产的枫雨杰 TM 牌 500 万像素摄像头；选用深圳光硕电子科技有限公司生产的金士顿 133X 高速 CF 卡，存储容量 32G，读取速度 20MB/s，用于存储在线拍摄的高速摄像数据；选用上海驭琅量具有限公司生产的卷尺和直尺，用于测量试验中距离和长度；利用 MIDIAS、Photoshop 和 Excel 等软件对采集的高速摄像图像数据进行分析、处理和绘图[96-101]。

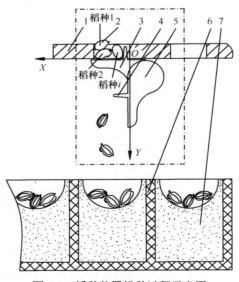

图 6-1 播种装置投种过程示意图

1.型孔板；2.稻种；3.翻板；4.清种舌；5.转轴；6.秧盘；7.营养土

6.2　试验材料、条件与拍摄参数

试验条件：凸轮转速分别为 9r/min、11r/min、13r/min、15r/min、17r/min，型孔直径为 10mm，型孔厚度为 4mm，水稻品种为'空育 131'，稻种含水率为 25%，芽长为 1～2mm，千粒重为 32.44g，型孔内充种数量分别为 1 粒/穴、3 粒/穴、4 粒/穴、5 粒/穴。

拍摄参数：试验中所采用的 V5.1 型高速摄像机，拍摄频率为 500 帧/秒，即相邻两帧图片时间间隔为 0.002s，两侧光源，每个光源 1300W。拍摄距离为 1160mm。为了减少外界因素和人为误差对拍摄质量和拍摄效果的影响，试验选在黑龙江八一农垦大学工程学院播种实验室内进行。试验前对拍摄角度、拍摄距离、光源位置、摄像机的光圈和焦聚等进行了仔细调整，并进行大量的试拍摄[96, 102-104]。

6.3　高速摄像观察分析

6.3.1　稻种运动与投种过程

在凸轮转速为 13r/min、芽种为 1～2mm、型孔直径为 10mm、型孔厚度为 4mm、翻板长度为 14mm、稻种含水率为 25%的条件下，对稻种下落过程进行了观察、采集与分析。通过图像慢放可见：型孔内的稻种由于翻板的转动而脱离型孔。当翻板转动角位移较小时，处于翻板边缘的稻种与翻板发生分离，分离后，在重力的作用下，稻种运动轨迹为抛物线，开始时，稻种的运动速度较慢，随着时间的增加，速度越来越快；当翻板转动角度较小的时候，处于翻板内侧的稻种，在摩擦力的作用下保持静止，随着翻板转动角度的增加，该稻种开始慢慢地运动，当翻板转动角度达到一定程度的时候，稻种陆续地从翻板上滑落下来，分离后运动轨迹也为抛物线，稻种离开翻板落到了型孔的前方；随着稻种在翻板上位置的不同，下落高度的不同，稻种着地位置与型孔的距离也不同。在下落的过程中，型孔内稻种之间的相互作用很小。下落前除少量稻种处于竖立状态外，稻种大部分处于平躺或者侧卧状态，其中处于竖立状态的稻种下落速度快于处于平躺或者侧卧状态稻种的下落速度。

6.3.2　稻种投种过程观察与分析

6.3.2.1　投种过程中稻种运动过程观察

在型孔内囊入单粒稻种条件下，利用高速摄像技术对稻种钵盘精量播种装置投种过程稻种运动姿态、运动轨迹进行观察、采集，如图 6-2 所示。为了稻种下落过程的运动轨迹清晰展现，从投种开始到稻种全部落下的整个过程每隔 6 帧取 1 幅图片，共取 8 幅，分别记为 1～8，a 代表稻种，h 代表稻种垂直位移。通过图像慢放可见：型孔内的稻种由于翻板的转动而脱离型孔。其中处于翻板边缘的稻

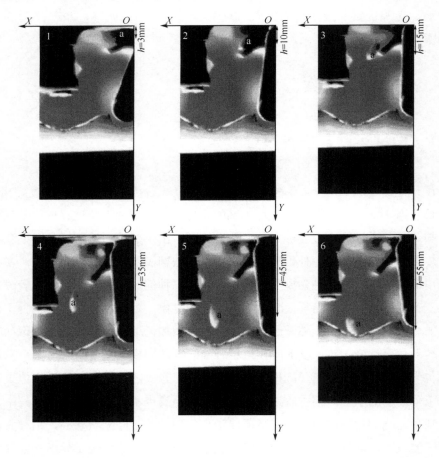

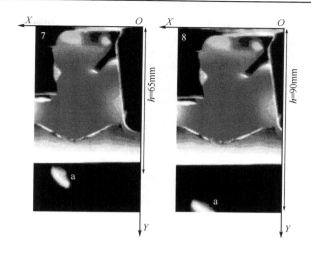

图 6-2   单粒稻种投种过程

种，当翻板转动角度较小时与翻板脱离，脱离后在重力作用下运动为平抛，稻种开始运动时，速度较慢，随着时间的增加，速度越来越快，在运动过程会出现自转和翻转。

6.3.2.2   投种过程中稻种运动规律分析

在播种装置的边缘、中间任选 3 处，利用高速摄像对投种过程稻种进行在线拍摄，并利用 MIDIAS 软件进行数据分析得出其运动轨迹、速度与时间关系曲线，如图 6-3～图 6-5 所示。

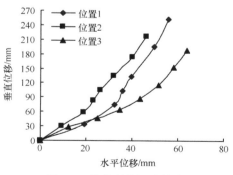

图 6-3   单粒稻种运动轨迹

由图 6-3 和图 6-4 可知，在投种过程中 3 个位置稻种的运动轨迹总体趋势一致，均向前下方加速运动，经拟合运动轨迹方程均符合二次曲线，显著水平 $P <$ 0.001，如表 6-1 所示。稻种水平位移随着垂直位移的增加而增加，垂直位移越小，

位置对稻种投种过程水平位移影响越小，稻种投种率越高。将上述数据与理论模型仿真结果进行对比分析，结果表明：通过高速摄像技术得出的投种过程中稻种运动轨迹与理论结果相似度较高。

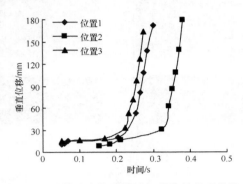

图 6-4　稻种垂直位移随时间变化的关系曲线

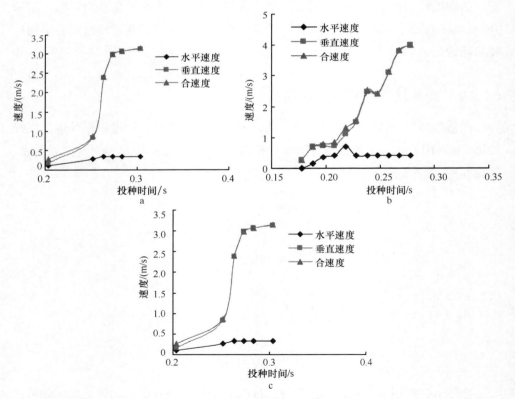

图 6-5　稻种速度与投种时间关系曲线
a.位置 1；b.位置 2；c.位置 3

表6-1   稻种运动轨迹方程

名称	回归方程	曲线类型	相关系数
位置 1 稻种	$y_1 = 13.6596 - 0.779526x_1 + 0.090399x_1x_1$	二次曲线	0.9953
位置 2 稻种	$y_2 = -1.1784 + 2.6917x_2 + 0.044415x_2x_2$	二次曲线	0.9962
位置 3 稻种	$y_3 = 38.7480 - 1.2860x_3 + 0.056130x_3x_3$	二次曲线	0.9965

由图 6-5a、b、c 可见：①   3 个位置稻种水平速度值均较小，垂直速度大于水平速度，稻种沿水平方向运动位移较小，稻种垂直位移大于水平位移。垂直速度是合速度的主导因素。垂直速度的大小决定投种时间，垂直速度越大，投种时间越短；水平速度对下落时抛物线开口大小有影响，水平速度越大，前进的位移也就越大，稻种落得越远。②   3 个位置稻种速度变化规律总体趋势一致，水平速度随时间的增加先增加后保持不变，表明稻种与翻板没有脱离之前，在翻板上由于摩擦力、惯性力等作用，水平速度、垂直速度、合速度均呈缓慢增加，经拟合速度方程均符合 Yield Density 模型，显著水平 $P < 0.001$，如表 6-2 所示。当稻种脱离翻板后，由于水平方向没有外力的作用，质心运动守恒，水平速度保持不变。垂直速度、合速度均随时间增加而近线性增加，开始时稻种与翻板在一起没有脱离，速度很小；当稻种与翻板脱离后，速度急剧增加，由于稻种下落过程中风速对其影响很小，可忽略不计，主要在重力的作用下运动，因此速度呈线性增加。但在投种过程中速度出现几次波动，原因是稻种在下落过程中发生自转和翻转，即当稻种运动状态突然由竖立变成平躺时或由竖立变成侧卧状态时，质心速度突然变化，使得稻种速度存在波动。

将上述数据与理论模型仿真结果进行对比分析，结果表明：通过高速摄像技术得出的投种过程中稻种运动速度与理论结果基本一致，无论是稻种在翻板上的运动还是稻种与翻板分离后的运动，其速度在数值上与利用高速摄像技术得出的实践结果高度相似，相似度为 92%。8%的不相似度是由于在理论分析及构建模型的过程中忽略了稻种与翻板分离后运动过程中存在的波动，因此理论速度大于实际运动时速度。就总体而言，通过上述的对比分析可得知理论模型符合实际，具有一定的实际应用价值。

表6-2　　稻种合速度方程

名称	回归方程	曲线类型	相关系数
位置 1 稻种	$v_1=1/(164.5661-1212.7034t_1+2238.3843t_1^2)$	Yield Density 模型	0.9941
位置 2 稻种	$v_2=1/(53.4422-280.6442t_2+370.0262t_2^2)$	Yield Density 模型	0.9962
位置 3 稻种	$v_3=1/(23.5672-174.9710t_3+328.4520t_3^2)$	Yield Density 模型	0.9965

6.3.2.3　不同凸轮转速条件下投种过程中稻种运动分析

在凸轮转速分别为 9r/min、11r/min、13r/min、15r/min、17r/min，其他参数相同的条件下，播种装置投种过程中稻种的运动轨迹、速度与时间变化的关系曲线如图 6-6 和图 6-7 所示。由图 6-6 和图 6-7 可见，稻种水平速度、播种装置投种时间均随凸轮转速的变化而变化。其中，凸轮转速越大、稻种水平速度越小，播种装置投种时间越短。当稻种垂直位移为 33mm 时，在凸轮转速为 9r/min 条件下，投种时间为 0.328s、水平位移为 20.97mm；在凸轮转速为 11r/min 条件下，投种时间为 0.314s、水平位移为 21.06mm；在凸轮转速为 13r/min 条件下，投种时间为 0.252s、水平位移为 24.37mm；在凸轮转速为 15r/min 条件下，投种时间为 0.168s、水平位移为 26.89mm；在凸轮转速为 17r/min 条件下，投种时间为 0.141s、水平位移为 27.89mm。综上所述，为提高播种效率，减少稻种的水平位移，缩小稻种水平运动范围，凸轮转速应选 11～13r/min。

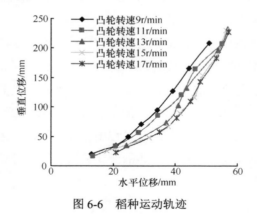

图 6-6　稻种运动轨迹

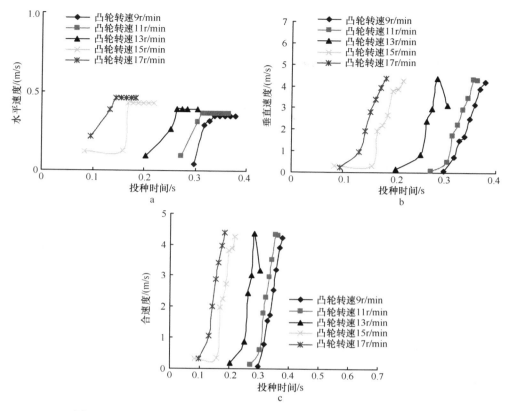

图 6-7　稻种水平速度(a)、垂直速度(b)和合速度(c)与时间关系曲线

6.3.2.4　投种过程中 3 粒稻种运动过程观察

在型孔内囊入 3 粒稻种条件下，利用高速摄像技术对机械式水稻植质钵盘精量播种装置投种过程中稻种运动姿态、运动轨迹进行观察、采集，如图 6-8 所示。为了稻种下落过程的运动轨迹清晰展现，从投种开始到稻种全部落下的整个过程每隔 8 帧取 1 幅图片，共取 9 幅，分别记为 1~9 代表稻种在同一下落过程中的顺序，a 代表稻种，a_1、a_2、a_3 分别代表型孔内的 3 粒稻种，h 代表稻种垂直位移。通过图像慢放可见：在凸轮的带动下，翻板做定轴转动，随着翻板角位移的不断增大，稻种逐渐地与翻板发生相对运动，稻种逐渐下滑。在滑动过程中，由于稻种在翻板上的位置、受力均不同，因此开始滑动的时间、下滑的速度也不同。稻种与翻板分离时，翻板的角位移大小与稻种初始位置有关，越靠近翻板边缘，翻板

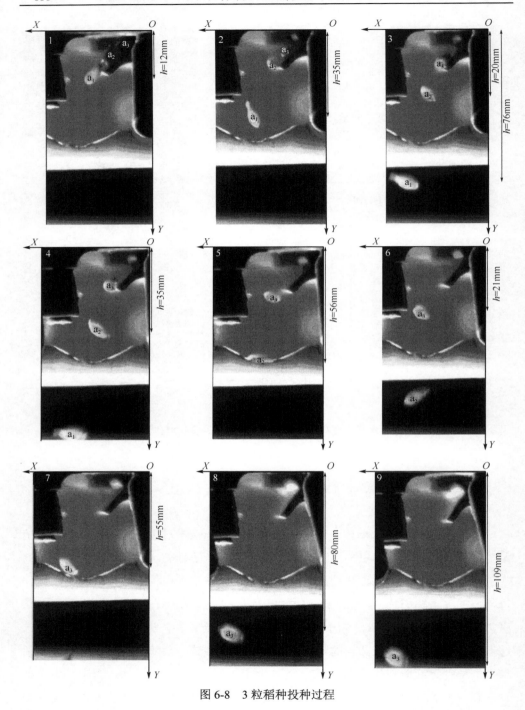

图 6-8　3 粒稻种投种过程

角位移越小，稻种越先与翻板发生分离。稻种与翻板分离前，稻种的运动速度较慢；

稻种与翻板发生分离后，稻种下落的速度显著增加，且越来越快。当翻板开始转动时，第 1 粒稻种位于翻板边缘，首先与翻板发生分离，依次是第 2 粒、第 3 粒。当第 1 粒稻种 a_1 着地时，第 3 粒稻种 a_3 刚刚运动到翻板边缘，还没有与翻板分离。在投种过程中稻种之间并没有挤压和碰撞。开始时，在自身重力、惯性力、摩擦力等作用下与翻板逐渐分离；当与翻板脱离后，在自身重力作用下，稻种开始下落。3 粒稻种运动规律相似，均落向型孔的前下方。稻种在下落过程，会出现自转和翻转，其中在与翻板分离时，如果稻种的纵向与翻板纵向平行，则稻种运动状态为半竖立状态，重心在下方，随着垂直位移的增加，稻种由半竖立状态变成竖立状态下落；如果稻种的纵向与翻板纵向垂直，则稻种运动状态为半平躺状态，随着垂直位移的增加，稻种要经过平躺再竖立的过程。其中第 1 粒稻种处于竖立状态下落的垂直位移为 12～76mm；第 2 粒稻种处于竖立状态下落的垂直位移为 20～56mm；第 3 粒稻种处于竖立状态下落的垂直位移为 21～57mm。综上所述，当垂直位移超过 56mm 时，有的稻种将由竖立状态慢慢翻倒，以平躺或者侧卧落入秧盘，为了保证型孔内的 3 粒稻种均以竖立状态落入秧盘，垂直位移取 20～56mm。

将上述利用高速摄像技术得出的稻种运动规律与第 6 章图 6-24 和图 6-25 中 3 粒稻种运动轨迹、运动速度随时间的变化关系曲线进行了对比分析，分析结果表明：在投种过程中，3 粒稻种运动规律理论分析结果与实际规律相似度为 91%，验证了理论模型的有效性。

6.3.2.5　投种过程中 3 粒稻种运动规律分析

利用 MIDIAS 软件进行数据分析得其运动轨迹、速度与时间关系曲线如图 6-9 和图 6-10 所示（坐标原点见图 6-8，横坐标为水平方向、纵坐标为竖直方向）。由图 6-9 可见：3 粒稻种均向前下方做加速运动，经拟合运动轨迹方程均符合二次曲线，显著水平 $P<0.001$，如表 6-3 和表 6-4 所示。稻种水平位移均随着垂直位移的增加而增加，即当垂直位移为 26mm 时，3 粒稻种的水平位移最小值为 2.32mm，最大值为 14.52mm，相差 12.2mm；当垂直位移为 37mm 时，3 粒稻种的水平位移最小值为 5.21mm，最大值为 19.56mm，相差 14.35mm。基于以上研究结果，同时考虑到现行钵育秧盘钵孔尺寸为 15.4mm×17mm，所以在实际中垂直位移最大值取 37mm，秧盘钵孔与型孔中心距取 9～16mm。将上述数据与理论模型仿真结果进行对比分析，结果表明：通过高速摄像技术得出的投种过程稻种运动轨迹与

理论结果相似度较高。

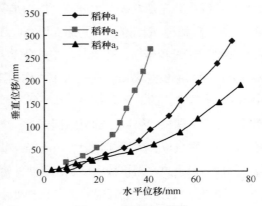

图 6-9　稻种运动轨迹

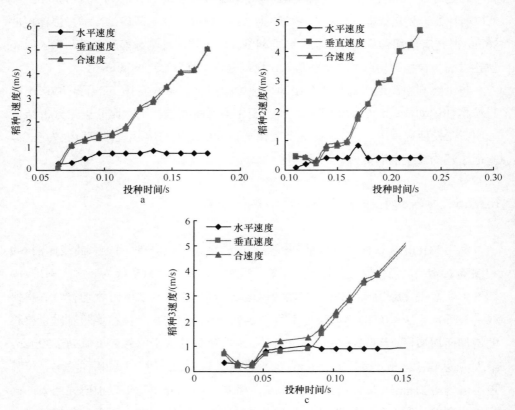

图 6-10　稻种 a_1(a)、a_2(b)和 a_3(c)速度与时间关系曲线

表6-3 稻种运动轨迹方程

名称	回归方程	曲线类型	相关系数
稻种 1	$y_1=3.8129-0.067489x_1+0.051970x_1^2$	二次曲线	0.9980
稻种 2	$y_2=1.8108+0.587216x_2+0.044564x_2^2$	二次曲线	0.9967
稻种 3	$y_3=8.5530-0.019610x_3+0.029719x_3^2$	二次曲线	0.9954

表6-4 稻种速度方程

名称	回归方程	曲线类型	相关系数
稻种 1	$y_1=-0.343+3.724x_1+149.89x_1^2$	二次曲线	0.9833
稻种 2	$y_2=87.09\mathrm{EXP}(-0.663/x_1)$	负指数函数	0.9820
稻种 3	$y_3=1/(2.348-28.005x_3+91.225x_3^2)$	Yield Density 模型	0.9805

图 6-10 为型孔内 3 粒稻种速度与时间关系曲线图。由图 6-10 可见，在投种过程 3 粒稻种具有相似的运动规律，当稻种与翻板分离前即投种时间为 0.1s 之前，稻种运动速度随时间的增加而呈非线性增加，增加幅度较小，变化平缓；当稻种与翻板分离后即投种时间超过 0.1s 后，垂直速度、合速度急剧增加，水平速度趋近于不变。

图 6-10a 为稻种 a_1 水平速度、垂直速度及合速度随时间变化的关系曲线。由图 6-10a 可见，投种过程中稻种主要沿垂直方向运动，当稻种与翻板分离前即投种时间为 0.1s 之前，稻种运动速度随时间的增加而呈非线性增加，增加幅度较小，变化平缓；当稻种与翻板分离后即投种时间超过 0.1s 后，水平速度不再发生变化，垂直速度变化幅度较大，垂直速度是水平速度的 4～5 倍，可见垂直速度是构成合速度的主要因素。这表明，投种过程中稻种沿垂直方向移动的能力大于沿水平方向移动的能力。

图 6-10b 为稻种 a_2 水平速度、垂直速度及合速度随时间变化的关系曲线。由图 6-10b 可见，水平速度数值较小且有波动，垂直速度数值较大，表明稻种沿水平方向移动能力较弱，垂直速度大于水平速度，可见垂直速度是构成合速度的主导因素。这表明稻种在投种过程中沿垂直方向移动的能力大于沿水平方向移动的能力。

图 6-10c 为稻种 a_3 水平速度、垂直速度及合速度随时间变化的关系曲线。由图 6-10c 可见：垂直速度与合速度二者在数值大小上较接近，表明在投种过程中稻种垂直速度是构成合速度的主要因素。

综上所述：投种过程中稻种的轨迹可分解为水平和垂直两个方向，稻种沿垂直方向运动的能力大于沿水平方向运动的能力。另外，3 粒稻种的速度变化规律相似，数值相近。当稻种与翻板分离前，稻种运动速度随时间的增加而呈非线性增加；当稻种与翻板分离后，水平速度趋近于不变。该结果与第 4 章理论结果相似度达 89%，表明理论模型的有效性。11%的不相似度，是由于在进行理论分析时，忽略了稻种运动状态的影响而造成的。在今后的研究中，将考虑运动状态对稻种运动的影响。

6.3.2.6　投种过程中 4 粒稻种运动过程观察

在型孔内囊入 4 粒稻种条件下，利用高速摄像技术对机械式水稻植质钵盘精量播种装置投种过程中稻种运动姿态、运动轨迹进行观察、采集，如图 6-11 所示。为稻种下落过程的运动轨迹清晰展现，从投种开始到稻种全部落下的整个过程每隔 5 帧取 1 幅图片，共取 9 幅，分别记为 1～9 代表稻种在同一下落过程中的顺序，a 代表稻种，a_1～a_4 分别代表型孔内的 4 粒稻种，h 代表稻种垂直位移。通过图像慢放可见：在凸轮的带动下，翻板做定轴转动，随着翻板角位移的不断增大，稻种逐渐与翻板发生相对运动，稻种逐渐下滑，在滑动过程中，由于稻种在翻板上的位置、受力不同，因此开始滑动的时间、下滑的速度也不同。并且稻种在翻板上时，运动的速度很慢，当与翻板发生分离后，稻种下落的速度急剧增加，且越来越快。当翻板开始转动时，第 1 粒稻种 a_1 位于翻板边缘，首先与翻板发生分离，依次是第 2 粒、第 3 粒、第 4 粒。其中由于稻种 a_1 位于翻板边缘且与翻板分离时以竖立状态下落，因此下落速度最快。当稻种 a_1 垂直位移为 90mm 时，稻种 a_2 刚刚运动到翻板边缘，还没有与翻板分离。在下落过程，4 粒稻种会出现自转和翻转，其中在与翻板分离时，如果稻种的纵向与翻板纵向平行，则稻种运动状态为半竖立状态，重心在下方，随着垂直位移的增加，稻种由半竖立状态变成竖立状态下落；如果稻种的纵向与翻板纵向垂直，则稻种运动状态为半平躺状态，随着垂直位移的增加，稻种要经过平躺再竖立的过程。其中第 1 粒稻种处于竖立状态下落的垂直位移为 11～54mm；第 2 粒稻种处于竖立状态下落的垂直位移为 17～55mm；第 3 粒稻种处于竖立状态下落的垂直位移为 11～55mm；第 4 粒稻种处于竖立状态下落的垂直位移为 40～75mm。综上所述，当垂直位移超过 54mm 时，有的稻种由竖立状态慢慢翻倒，以平躺或者侧卧落入秧盘，为了保证型孔内至少 3 粒稻种以竖立状态落入秧盘，因此垂直位移应当选在 17～54mm。上述利用高速摄像观察的稻种运动规律与第 4 章理论结果一致，表明了理论模型的有效性。

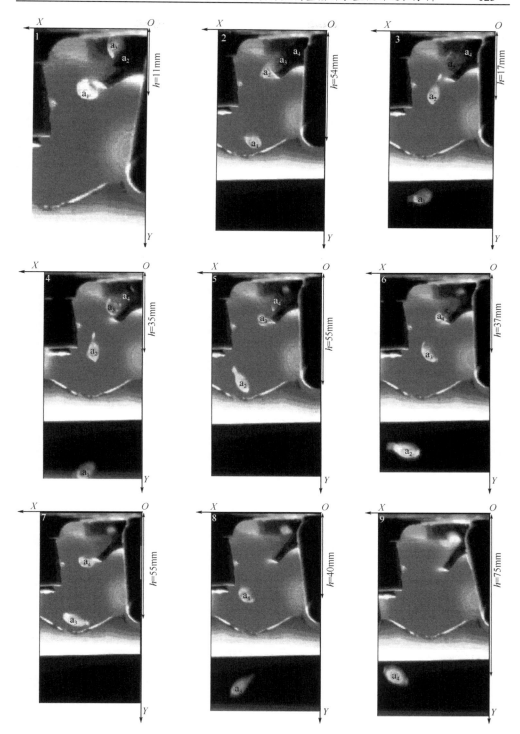

图 6-11　4 粒稻种投种过程

6.3.2.7　投种过程 4 粒稻种运动规律分析

　　利用 MIDIAS 软件进行数据分析得其运动轨迹、速度与时间关系曲线如图 6-12 和图 6-13 所示。由图 6-12 可见：4 粒稻种均向前下方做加速运动，经拟合运动轨迹方程第 1 粒稻种符合指数函数，第 2～4 粒稻种均符合二次曲线，显著水平 $P<0.001$，如表 6-5 所示。稻种水平位移均随着垂直位移的增加而增加，即当垂直位移为 26mm 时，4 粒稻种的水平位移最小值为 4.12mm，最大值为 17.28mm，相差 13.16mm；当垂直位移为 30mm 时，4 粒稻种的水平位移最小值为 5.28mm，最大值为 20.18mm，相差 14.9mm；当垂直位移为 37mm 时，4 粒稻种的水平位移最小值为 6.61mm，最大值为 22.02mm，相差 15.41mm。可见，垂直位移越小，对稻种投种过程水平位移影响越小，稻种投种率越高。基于以上研究结果，同时考虑到现行钵育秧盘钵孔尺寸为 15.4mm×17mm，所以在实际中垂直位移最大值取 37mm，秧盘钵孔与型孔中心距取 8～17mm。将上述数据与理论模型仿真结果进行对比分析，结果表明：通过高速摄像技术得出的投种过程中稻种运动轨迹与理论结果一致。

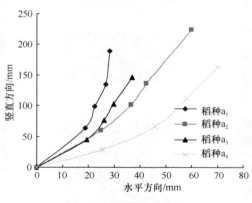

图 6-12　稻种运动轨迹

　　图 6-13 为型孔内 4 粒稻种速度与时间关系曲线图。由图 6-13 可见，在投种过程中 4 粒稻种具有相似的运动规律，垂直速度大于水平速度，垂直速度与合速度二者在数值大小上较接近，表明在投种过程中稻种垂直速度是构成合速度的主要因素。当稻种与翻板分离前，稻种运动速度随时间的增加而呈非线性增加，增加幅度较小，变化平缓；当稻种与翻板分离后，垂直速度、合速度急剧增加，水

平速度趋近于稳定。

　　图 6-13a 为 4 粒稻种的水平速度随时间变化的关系曲线。由图 6-13a 可见，当稻种与翻板分离前，水平速度随投种时间的增加而增加，其中稻种在翻板的位置不同，水平速度增加的程度不同，但差别不大。当稻种与翻板分离后，稻种的水平速度趋于稳定。

　　图 6-13b 为 4 粒稻种垂直速度随时间变化的关系曲线。由图 6-13b 可见，当稻种与翻板分离前，垂直速度随投种时间的增加而呈非线性增加。当稻种与翻板分离后，垂直速度随投种时间的增加呈近线性增加。虽然在线性增加的同时存在一定的波动，但是 4 粒稻种垂直速度增加的幅度相近。可见，稻种位置、形状的改变不影响垂直速度的变化幅度。

　　图 6-13c 为 4 粒稻种合速度随时间变化的关系曲线。由图 6-13c 可见，稻种随投种时间的增加而呈非线性增加，经拟合符合 Yield Density 模型，如表 6-6 所示。

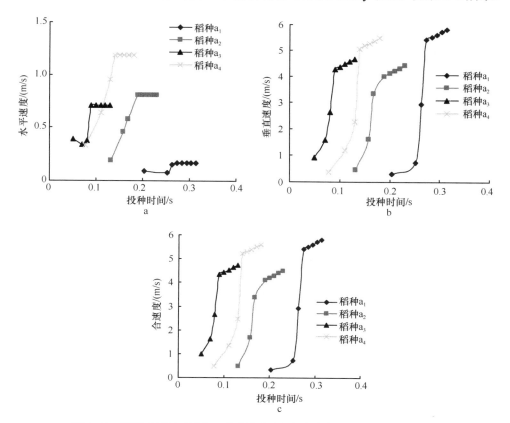

图 6-13　稻种水平速度(a)、垂直速度(b)和合速度(c)与时间关系曲线

表6-5　稻种运动轨迹方程

名称	回归方程	曲线类型	相关系数
稻种 a_1	$y_1=7.132\ 3\text{EXP}(0.113997x_1)$	指数函数	0.9961
稻种 a_2	$y_2=-0.321358+1.5125x_2+0.037021x_2^2$	二次曲线	0.9989
稻种 a_3	$y_3=-0.185714+0.579697x_3+0.092241x_3^2$	二次曲线	0.9987
稻种 a_4	$y_4=1.3570+0.058988x_4+0.031653x_4^2$	二次曲线	0.9971

表6-6　稻种合速度方程

名称	回归方程	曲线类型	相关系数
稻种 a_1	$y_1=1/(215.2631-1583.3752x_1+2913.9318x_1^2)$	Yield Density 模型	0.9961
稻种 a_2	$y_2=1/(27.7216-305.5367x_2+846.9429x_2^2)$	Yield Density 模型	0.9999
稻种 a_3	$y_3=1/(3.0775-49.8497x_3+202.3798x_3^2)$	Yield Density 模型	0.9967
稻种 a_4	$y_4=1/(4.1912-37.3402x_4+62.6873x_4^2)$	Yield Density 模型	0.9967

综上所述：投种过程中稻种的轨迹可分解为水平和垂直两个方向，稻种沿垂直方向运动的能力大于沿水平方向运动的能力。4 粒稻种的速度变化规律相似，数值相近。当稻种与翻板分离前，稻种运动速度随时间的增加而呈非线性增加；当稻种与翻板分离后，水平速度趋近于稳定。该结果与第 4 章理论结果中 4 粒稻种与翻板分离前后的"运动轨迹图 5-28"、"运动速度图 5-29"进行对比分析，结果表明，实际与理论结果相似度为 93%，进一步证明了理论模型的有效性，但数值略有不同，同时由于稻种运动状态存在一定的变化，稻种的运动速度图与理论方面相比有一定的波动。

6.3.2.8　投种过程中 5 粒稻种运动过程观察

在型孔内囊入 5 粒稻种条件下，利用高速摄像技术对机械式水稻植质钵盘精量播种装置投种过程中稻种运动姿态、运动轨迹进行观察、采集，如图 6-14 所示。为了稻种下落过程的运动轨迹清晰展现，从投种开始到稻种全部落下的整个过程每隔 7 帧取 1 幅图片，共取 12 幅图片，分别记为 1～12 代表稻种在同一下落过程中的顺序，a 代表稻种，a_1～a_5 分别代表型孔内的 5 粒稻种，h 代表稻种垂直位移。通过图像慢放可见：在凸轮的带动下，翻板做定轴转动，随着翻板角位移的不断增大，稻种逐渐地与翻板发生相对运动，稻种逐渐下滑，在滑动过程中，由于稻种在翻板上的位置不同、受力不同，因此开始滑动的时间、下滑的速度均不同。其中，稻种在翻板上时，运动的速度很慢；当与翻板发生分离后，稻种下落的速度急剧增加，且越来越快。当翻板开始转动时，稻种与翻板发生分离的顺序依次

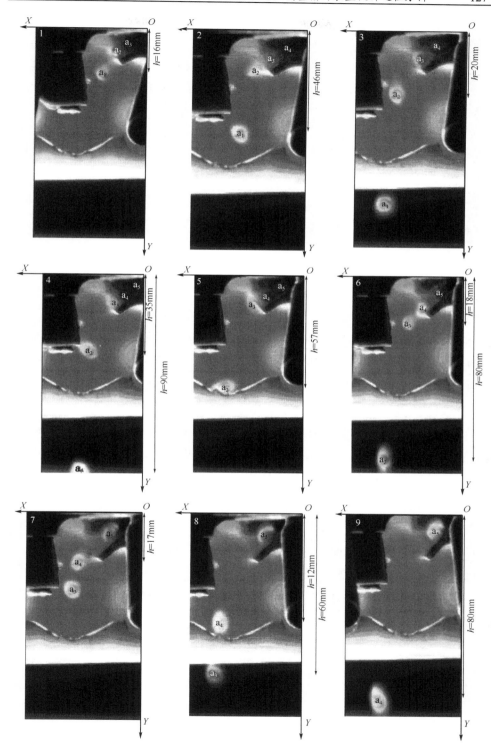

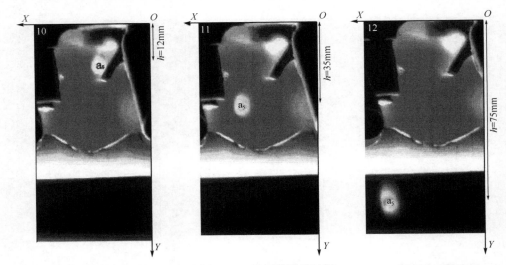

图 6-14　5 粒稻种投种过程

是稻种 a_1、稻种 a_2、稻种 a_3、稻种 a_4、稻种 a_5。当稻种 a_1 运动到 46mm 时，稻种 a_2 运动到翻板边缘；稻种 a_2 运动到 80mm 时，a_3 开始在翻板上缓慢开始移动；当稻种 a_3 运动到 81mm 时，稻种 a_4 即将与翻板脱离；当稻种 a_4 运动到 80mm 时，稻种 a_5 即将与翻板脱离。在投种过程稻种之间并没有挤压和碰撞，开始时在自身重力、惯性力、摩擦力等作用下与翻板逐渐分离；当与翻板脱离后，在自身重力作用下，稻种开始下落，5 粒稻种运动规律相似，均落向型孔的前下方。在下落过程中，会出现自转和翻转，其中在与翻板分离时，如果稻种的纵向与翻板纵向平行，则稻种运动状态为半竖立状态，重心在下方，随着垂直位移的增加，稻种直接变成竖立状态下落；如果稻种的纵向与翻板纵向垂直，则稻种运动状态为半平躺状态，随着垂直位移的增加，稻种要经过平躺再竖立的过程。第 1 粒稻种处于竖立状态下落的垂直位移为 16～90mm；第 2 粒稻种处于竖立状态下落的垂直位移为 20～30mm；第 4 粒稻种处于竖立状态下落的垂直位移为 17～80mm；第 5 粒稻种处于竖立状态下落的垂直位移为 12～75mm。综上所述，为了保证至少 3 粒稻种以竖立状态落入秧盘，垂直位移取 17～75mm。上述利用高速摄像观察的稻种运动规律与第 4 章理论结果相一致，表明了理论模型的有效性。

6.3.2.9　投种过程中 5 粒稻种运动规律分析

利用 MIDIAS 软件进行数据分析得其运动轨迹、速度与时间关系曲线如

图 6-15 和图 6-16 所示，由图 6-15 可见：5 粒稻种均向前下方做加速运动，经拟

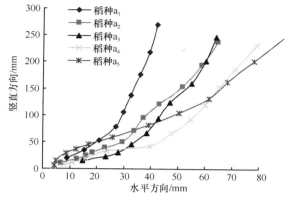

图 6-15　稻种运动轨迹

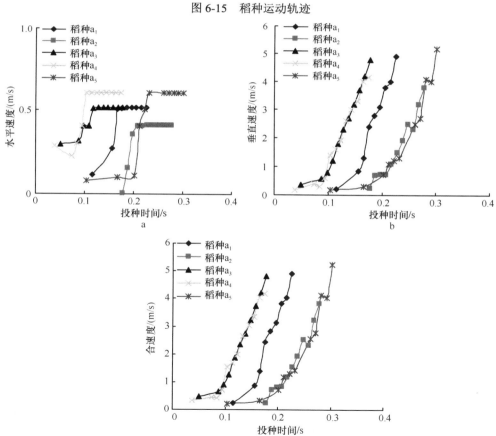

图 6-16　稻种水平速度(a)、垂直速度(b)和合速度(c)与时间关系曲线

合运动轨迹方程均符合二次曲线，显著水平 $P<0.001$，如表 6-7 和表 6-8 所示。稻种水平位移均随着垂直位移的增加而增加，即当垂直位移为 26mm 时，5 粒稻种的水平位移最小值为 4.25mm，最大值为 17.25mm，相差 13mm；当垂直位移为 37mm 时，5 粒稻种的水平位移最小值为 6.64mm，最大值为 22.05mm，相差 15.41mm；当垂直位移为 45mm 时，5 粒稻种的水平位移最小值为 7.12mm，最大值为 26.72mm，相差 19.6mm。基于以上研究结果，同时考虑到现行钵育秧盘钵孔尺寸为 15.4mm×17mm，所以在实际中垂直位移最大值取 37mm，秧盘钵孔与型孔中心距取 8~17mm。将上述数据与理论模型仿真结果进行对比分析，结果表明：通过高速摄像技术得出的投种过程中稻种运动轨迹与理论结果一致。

表6-7 稻种运动轨迹方程

名称	回归方程	曲线类型	相关系数
稻种 a_1	$y_1=58.3129-6.0244x_1+0.259221x_1^2$	二次曲线	0.9967
稻种 a_2	$y_2=6.2395+0.26863x_2+0.051010x_2^2$	二次曲线	0.9962
稻种 a_3	$y_3=30.4976-2.4340x_3+0.089438x_3^2$	二次曲线	0.9961
稻种 a_4	$y_4=18.2761-1.2210x_4+0.049347x_4^2$	二次曲线	0.9901
稻种 a_5	$y_5=15.2096+0.94602x_5+0.018093x_5^2$	二次曲线	0.9971

表6-8 稻种运动轨迹方程

名称	回归方程	曲线类型	相关系数
稻种 a_1	$y_1=23.23-450.57x_1+2744.89x_1^2-4926.86x_1^3$	多项式拟合	0.9869
稻种 a_2	$y_2=4.7428-61.3941x_2+207.5940x_2^2$	二次曲线	0.9769
稻种 a_3	$y_3=0.771753-21.3649x_3+251.9744x_3^2$	二次曲线	0.9907
稻种 a_4	$y_4=4.5811(1-EXP\{-[(x_4+0.112976)/0.253496]^{7.4243}\})$	韦布尔函数	0.9864
稻种 a_5	$y_5=1/(7.3491-45.0269x_5+70.6621x_5^2)$	Yield Density 模型	0.9809

图 6-16 为型孔内 5 粒稻种速度与时间关系曲线。由图 6-16 可见，在投种过程中 5 粒稻种具有相似的运动规律，垂直速度大于水平速度，垂直速度与合速度二者在数值大小上较接近，表明在投种过程中稻种垂直速度是构成合速度的主要因素。当稻种与翻板分离前，稻种运动速度随时间的增加而呈非线性增加，增加幅度较小，变化平缓；当稻种与翻板分离后，垂直速度、合速度急剧增加，水平速度趋近于稳定。

图 6-16a 为 5 粒稻种的水平速度随时间变化的关系曲线。由图 6-16a 可见,当稻种与翻板分离前,水平速度随投种时间的增加而增加,其中稻种在翻板的位置不同,水平速度增加的程度不同,但差别不大。当稻种与翻板分离后,稻种的水平速度趋于稳定。

图 6-16b 为 5 粒稻种垂直速度随时间变化的关系曲线。由图 6-16 可见,当稻种与翻板分离前,垂直速度随投种时间的增加而呈非线性增加,当稻种与翻板分离后,垂直速度随投种时间的增加呈近线性增加,与理论结果相比存在一定的波动,但 5 粒稻种垂直速度增加幅度相近。可见,稻种位置、形状的改变不影响垂直速度的变化幅度。

综上所述:当稻种与翻板分离前,稻种运动速度随时间的增加而呈非线性增加;当稻种与翻板分离后,水平速度趋近于稳定。该结果与第 4 章理论结果中 5 粒稻种与翻板分离前后的"运动轨迹图 5-32"、"运动速度图 5-33"进行对比分析,结果表明,实际与理论结果相似度为 94%,进一步证明了理论模型的有效性,但数值略有不同,同时由于稻种运动状态存在一定的变化,稻种的运动速度图与理论方面相比有一定的波动。

6.4　小结

本章在自行研制的试验台上利用高速摄像技术在线拍摄了稻种的运动过程,选取有代表性的图像进行观察,并对观察结果进行分析,同时与理论结果进行了对比分析,得到以下结论。

1)利用高速摄像技术对机械式水稻植质钵盘精量播种装置投种过程中稻种运动规律进行观察分析,结果如下。

a. 机械式水稻植质钵盘精量播种装置投种过程稻种的运动呈平抛,并在运动过程中发生自转与偏转。稻种的运动轨迹符合二次曲线,合速度随时间增加而呈非线性增加,轨迹为一条上升的非线性曲线;水平速度随时间的增加先增加后保持不变。

b. 凸轮转速越大,稻种水平速度、水平位移越大,播种装置投种时间越短。为提高播种投种效率,减少稻种的水平位移,凸轮转速取 11~13r/min。

2)稻种落入秧盘的姿态、稻种水平位移均与垂直位移有关,本书分别选取了

3 粒、4 粒、5 粒稻种对其运动过程进行了观察分析，结果如下。

a. 为使稻种以竖立状态落入秧盘，当型孔内有 3 粒稻种时，垂直位移取 20～56mm；当型孔内有 4 粒稻种时，垂直位移取 17～54mm；当型孔内有 5 粒稻种时，垂直位移取 17～75mm。综合以上条件，垂直位移确定为 20～54mm。

b. 考虑到现行钵育秧盘钵孔尺寸为 15.4mm×17mm，为了保证 3～5 粒稻种落入秧盘钵孔中，当型孔内有 3 粒稻种时，垂直位移最大值取 37mm，秧盘钵孔与型孔中心距取 9～16mm；当型孔内有 4 粒稻种时，垂直位移最大值取 37mm，秧盘钵孔与型孔中心距取 8～17mm；当型孔内有 5 粒稻种时，垂直位移最大值取 37mm，秧盘钵孔与型孔中心距取 8～17mm。

综上所述，垂直位移取 20～37mm，秧盘钵孔与型孔中心距取 9～16mm 时。

3) 将高速摄像观察分析结果与第 4 章理论模型仿真结果中不同稻种与翻板分离前后的运动轨迹图、速度图进行对比分析。结果表明，实际与理论结果相似度达到 89% 以上，进一步证明了理论模型的有效性，但数值略有不同，同时由于稻种运动状态存在一定的变化，稻种的运动速度图与理论方面相比有一定的波动。

7 机械式水稻植质钵盘精量播种装置播种性能试验研究

7.1 试验装置和方法

试验装置见第 4 章图 4-5 所示。试验前，将秧盘放到型孔板下方的指定位置，将稻种放到种箱中，试验开始时，种箱挡板处于关闭状态。当变频器调到要求的频率，电动机运行稳定，种箱位置运行到缓冲区时，打开种箱挡板，稻种从种箱内落下后，在种箱、刷种轮的带动下稻种充入型孔内，当种箱经过一次往复充种后，翻板打开，型孔内的稻种落入秧盘，完成播种过程，一次试验完成。每次试验重复 3 次，取平均值。

试验中所用的相关仪器：电脑水分测定仪、容器、温度计等。

试验在黑龙江八一农垦大学工程学院播种实验室进行，试验用水稻品种为'空育 131'，稻种含水率为 25%，芽长为 1～2mm。

7.2 主要评定指标

根据同行研究经验，结合 GB/T 6973–2005《单粒(精密)播种机试验方法》，确定性能指标为单粒率、空穴率、播种合格率、重播率、损伤率，各指标与试验方法的说明与计算如下。

(1)单粒率

$$S_d = \frac{Y}{N} \times 100\%$$ 　　　　　　　(7-1)

(2)空穴率

$$S_k = \frac{K}{N} \times 100\%$$ 　　　　　　　(7-2)

(3)播种合格率

$$S_b = \frac{S}{N} \times 100\% \qquad (7\text{-}3)$$

(4)重播率

$$S_{cb} = \frac{M}{N} \times 100\% \qquad (7\text{-}4)$$

式中，$S_d + S_k + S_b + S_{cb} = 100\%$；

Z —— 所有秧盘穴内稻种总数，$Z = Y + K + S + M$；

N —— 试验中秧盘穴总数(个)；

Y —— 单粒稻种落入的秧盘穴数量(个)；

K —— 无稻种落入的秧盘穴数量(个)；

S —— 2~5 粒稻种落入的秧盘穴数量(个)；

M —— 大于 5 粒稻种落入的秧盘穴数量(个)。

(5)损伤率

$$S_s = \frac{P}{Z} \times 100\% \qquad (7\text{-}5)$$

式中，P —— 损伤稻种数(个)。

其测定方法：物料的机械损伤有的可以从表面就可以观察出，但对于处于生长阶段的农业物料，有时其表面并没有损伤，但是其内部结构已经受到伤害，已经影响到了生物体的活性，因为水稻芽种是已经处于生长时期的生物体，此时就不能简单地以外表的损伤与否来判断物料的机械损伤。基于上述分析，本书根据同行研究的经验[72-75]，稻种损伤的主要判定依据为水稻受损伤后能否在同样环境下继续生长，如果在相同环境下，稻种能够继续生长，则说明稻种并没有受到损伤，如果不能继续生长将判定为受到损伤。在秧盘穴内随机取出播种后的稻种100 粒，放在与原来相同环境下，用原来相同的方法催芽，观察催芽情况，计算没有继续发芽的水稻数量，重复 3 次，取平均值。

7.3　单因素试验结果与分析

影响装置播种性能的主要参数有：型孔直径、稻种垂直位移、型孔厚度、凸轮转速、稻种含水率、翻板长度、稻种品种、秧盘与型孔中心距等，这些参数对播种性能的影响程度各不相同。本节在充种、投种过程的研究基础上，固定稻种含水率、翻板长度、稻种品种、型孔直径、型孔厚度进行单因素试验研究[77-82]，分析秧盘钵孔与型孔中心距、稻种垂直位移、凸轮转速对性能指标的影响，确定装置的较佳结果参数。

7.3.1　秧盘钵孔与型孔中心距影响规律

本研究根据播种装置在生产中用到的几个参数，根据第 2～5 章的分析结果，在稻种含水率为 25%、芽长为 1～2mm、型孔厚度为 4mm、稻种垂直位移为 29mm、凸轮转速为 13r/min、型孔直径为 10mm 条件下，选定秧盘钵孔与型孔中心距分别为 9mm、11mm、13mm、15mm、17mm 时，分析秧盘钵孔与型孔中心距对性能指标的影响，如图 7-1 所示。

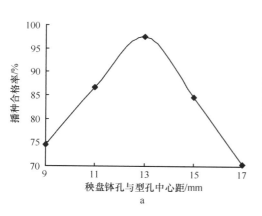

a

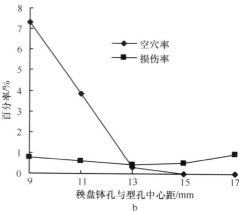

b

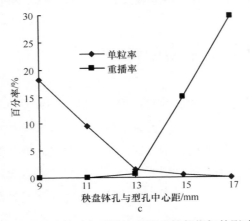

图 7-1　秧盘钵孔与型孔中心距对性能指标的影响

a.秧盘钵孔与型孔中心距对播种合格率的影响；b.秧盘钵孔与型孔中心距对空穴率和损伤率的影响；c.秧盘钵孔与
型孔中心距对单粒率和重播率的影响

　　图 7-1 表明，随着秧盘钵孔与型孔中心距的增加，空穴率、单粒率减少，当秧盘钵孔与型孔中心距由 9mm 增加到 17mm 时，空穴率由 7.3%减少到 0，降低幅度较大，变化显著；单粒率由 18.3%减少到 0。重播率随秧盘钵孔与型孔中心距的增加而增加，当秧盘钵孔与型孔中心距由 9mm 增加到 13mm 时，重播率增加幅度不大；当秧盘钵孔与型孔中心距由 13mm 增加到 17mm 时，重播率由 0.5%增加到 30%，增加幅度较大，变化显著。当秧盘钵孔与型孔中心距由 9mm 增加到 13mm 时，播种合格率随着秧盘钵孔与型孔中心距的增加而逐渐增加；在秧盘钵孔与型孔中心距由 13mm 增加到 17mm 时，随着秧盘钵孔与型孔中心距的增加而显著下降。播种合格率最高点发生在秧盘钵孔与型孔中心距为 13mm 处。损伤率随秧盘钵孔与型孔中心距的增加先减少后增加，变化平缓。

7.3.2　稻种垂直位移影响规律

　　本研究根据播种装置在生产中用到的几个参数，根据第 2～5 章的分析结果，在水稻品种为'空育 131'、稻种含水率为 25%、芽长为 1～2mm、型孔厚度为 4mm、型孔直径为 10mm、翻板长度为 14mm、凸轮转速为 13r/min、秧盘钵孔与型孔中心距为 13mm 条件下，选定稻种垂直位移分别为 21mm、25mm、29mm、33mm、37mm 时，分析稻种垂直位移对性能指标的影响，如图 7-2 所示。

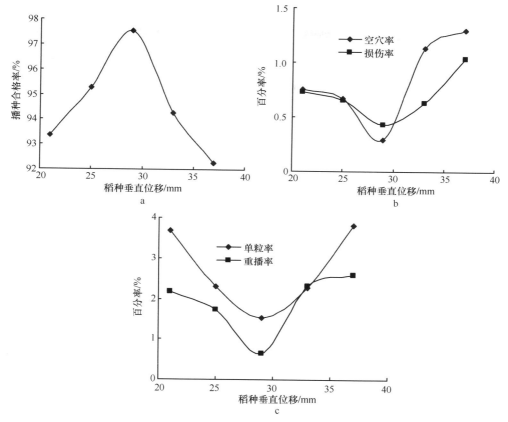

图 7-2　稻种垂直位移对性能指标的影响

a.稻种垂直位移对播种合格率的影响；b.稻种垂直位移对空穴率和损伤率的影响；

c.稻种垂直位移对单粒率和重播率的影响

图 7-2 表明，随着稻种垂直位移的增加，空穴率、损伤率、单粒率、重播率均随稻种垂直位移的增加先减少后增加，当稻种垂直位移为 29mm 时，空穴率、损伤率、单粒率、重播率均相对较低。当稻种垂直位移由 21mm 增加到 29mm 时，播种合格率随着稻种垂直位移的增加而逐渐增加；当稻种垂直位移由 29mm 增加到 37mm 时，播种合格率随着稻种垂直位移的增加而下降。播种合格率最高点发生在稻种垂直位移为 29mm 处。

7.3.3　凸轮转速影响规律

本研究根据播种装置在生产中用到的几个参数，根据第 2～5 章的分析结果，在水稻品种为'空育 131'、稻种含水率为 25%、芽长为 1～2mm、型孔厚度为 4mm、型孔直径为 10mm、稻种垂直位移为 29mm、翻板长度为 14mm、秧盘钵孔与型孔中心距为 13mm 条件下，选定凸轮转速分别为 9r/min、11r/min、13r/min、15r/min、17r/min 时，分析凸轮转速对性能指标的影响，如图 7-3 所示。

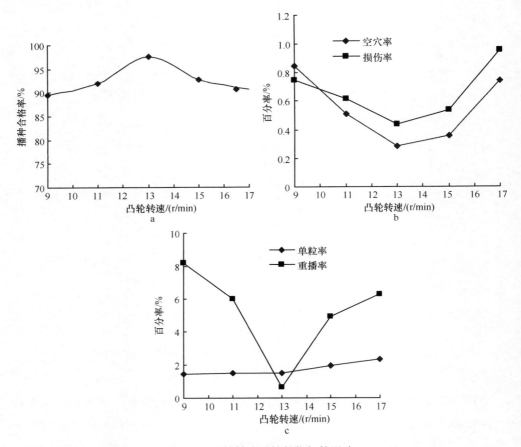

图 7-3　凸轮转速对性能指标的影响

a.凸轮转速对播种合格率的影响；b.凸轮转速对空穴率和损伤率的影响；c.凸轮转速对单粒率和重播率的影响

图 7-3 表明，随着凸轮转速的增加，空穴率、损伤率、重播率均随凸轮转速的增加先减少后增加，当凸轮转速为 13r/min 时，空穴率、损伤率、重播率最低；单粒率随着凸轮转速的变化不显著，总体趋势是随着凸轮转速的增加而增加；播种合格率在凸轮转速由 9r/min 增加到 13r/min 时，随着凸轮转速的增加而逐渐增加，在凸轮转速由 13r/min 增加到 17r/min 时，随着凸轮转速的增加而下降。播种

合格率最高值发生在凸轮转速为 13r/min 处。

7.4 多因素试验研究

7.4.1 试验方案确定

当水稻品种为'空育131'、稻种含水率为25%、芽长为1～2mm、型孔厚度为4mm、翻板长度为14mm、型孔直径为10mm时，根据第2～5章的分析结果及本试验中单因素试验研究结果，进一步研究各因素组合情况下对播种装置播种性能的影响，选取秧盘钵孔与型孔中心距 x_1、稻种垂直位移 x_2、凸轮转速 x_3 共3 个因素进行多因素试验，以单粒率、空穴率、重播率、播种合格率、损伤率为性能指标。采用正交旋转组合设计的试验方法，按三因素五水平安排试验。因素水平编码表见表 7-1，三因素五水平二次正交旋转组合设计正交表见表 7-2[83-86]。

表7-1 因素水平编码表

编码值 x_j	因素水平		
	秧盘钵孔与型孔中心距 x_1/mm	稻种垂直位移 x_2/mm	凸轮转速 x_3/(r/min)
上星号臂 (γ)	17	37	17
上水平 (+1)	15	33	15
零水平 (0)	13	29	13
下水平 (−1)	11	25	11
下星号臂 (−γ)	9	21	9

表7-2 二次正交旋转组合设计正交表

试验号	x_1	x_2	x_3	y
1	1	1	1	y_1
2	1	1	−1	y_2
3	1	−1	1	y_3
4	1	−1	−1	y_4
5	−1	1	1	y_5
6	−1	1	−1	y_6
7	−1	−1	1	y_7
8	−1	−1	−1	Y_8

试验号	x_1	x_2	x_3	y
9	−1.682	0	0	Y_9
10	1.682	0	0	Y_{10}
11	0	−1.682	0	Y_{11}
12	0	1.682	0	Y_{12}
13	0	0	−1.682	Y_{13}
14	0	0	1.682	Y_{14}
15	0	0	0	Y_{15}
16	0	0	0	Y_{16}
17	0	0	0	Y_{17}
18	0	0	0	Y_{18}
19	0	0	0	Y_{19}
20	0	0	0	Y_{20}
21	0	0	0	Y_{21}
22	0	0	0	Y_{22}
23	0	0	0	Y_{23}

7.4.2　试验数据结果分析

7.4.2.1　试验安排和试验数据

试验安排和试验数据如表 7-3 所示。

表7-3　二次正交旋转组合设计方案及结果

序号	秧盘钵孔与型孔中心距/mm	稻种垂直位移/mm	凸轮转速/(r/min)	空穴率/%	单粒率/%	重播率/%	播种合格率/%	损伤率/%
1	15	37	15	0	0	15.537	84.463	0.921
2	15	37	11	0	0	17.398	82.602	0.825
3	15	25	15	0.185	0	15.111	84.704	0.756
4	15	25	11	0.093	0	17.729	82.178	0.878
5	11	37	15	4.189	10.953	0	84.858	0.634
6	11	37	11	5.291	9.736	0	84.973	0.574
7	11	25	15	1.852	9.994	0	88.154	0.663
8	11	25	11	3.175	9.699	0	87.126	0.750

序号	秧盘钵孔与型孔中心距/mm	稻种垂直位移/mm	凸轮转速/(r/min)	空穴率/%	单粒率/%	重播率/%	播种合格率/%	损伤率/%
9	9	29	13	7.291	18.172	0	74.537	0.791
10	17	29	13	0	0	29.649	70.351	0.958
11	13	21	13	0.755	3.693	2.188	93.364	0.731
12	13	37	13	1.296	3.837	2.593	92.274	1.037
13	13	29	9	0.848	1.481	8.196	89.475	0.751
14	13	29	17	0.741	2.344	6.267	90.648	0.954
15	13	29	13	1.214	1.856	3.282	93.648	0.466
16	13	29	13	1.574	1.723	2.407	94.296	0.591
17	13	29	13	0.288	1.521	0.653	97.538	0.436
18	13	29	13	0.371	1.519	2.684	95.426	0.581
19	13	29	13	0.370	1.167	1.852	96.611	0.385
20	13	29	13	1.502	1.581	0.879	96.038	0.391
21	13	29	13	2.139	1.782	1.709	94.370	0.521
22	13	29	13	0.463	1.167	1.481	96.889	0.625
23	13	29	13	0.565	1.873	2.709	94.853	0.426

7.4.2.2　回归方程

根据表 7-3 的试验数据，采用 DPS 数据处理系统，求得各因素与性能指标间的回归方程。

(1) 空穴率

$$y = 0.94 - 1.94x_1 + 0.37x_2 - 0.18x_3 + 0.95x_1^2 + 0.02x_2^2 - 0.06x_3^2 - 0.59x_1x_2 + 0.31x_1x_3 + 0.02x_2x_3 \tag{7-6}$$

(2) 单粒率

$$y = 1.58 - 5.19x_1 + 0.09x_2 + 0.22x_3 + 2.64x_1^2 + 0.76x_2^2 + 0.10x_3^2 - 0.12x_1x_2 - 0.19x_1x_3 + 0.12x_2x_3 \tag{7-7}$$

（3）播种合格率

$$y = 95.51 - 1.33x_1 + 0.52x_2 + 0.53x_3 - 8.07x_1^2 - 0.87x_2^2 - 1.85x_3^2 + 0.70x_1x_2$$
$$+ 0.43x_1x_3 - 0.23x_2x_3 \tag{7-8}$$

（4）重播率

$$y = 1.97 + 8.47x_1 + 0.06x_2 - 0.57x_3 + 4.48x_1^2 + 0.09x_2^2 + 1.80x_3^2 + 0.01x_1x_2$$
$$- 0.56x_1x_3 + 0.09x_2x_3 \tag{7-9}$$

（5）损伤率

$$y = 0.49 + 0.08x_1 + 0.03x_2 + 0.02x_3 + 0.11x_1^2 + 0.11x_2^2 + 0.09x_3^2 + 0.04x_1x_2$$
$$+ 0.0001x_1x_3 + 0.05x_2x_3 \tag{7-10}$$

7.4.2.3　回归方程显著性检验

回归方程显著性检验列于表 7-4 和表 7-5 中。

由表 7-4 可知：$F_1 < F_{0.05}$ 是不显著的，方程拟合得好。

由表 7-5 可知：$F_2 > F_{0.01}$ 是显著的，方程有意义。

表7-4　F_1检验表

回归方程	F_1 计算值	比较条件	F 查表值	说明
空穴率	0.510	<	$F_{0.05}=3.69$	不显著
单粒率	1.622	<	$F_{0.05}=3.69$	不显著
播种合格率	0.150	<	$F_{0.05}=3.69$	不显著
重播率	0.404	<	$F_{0.05}=3.69$	不显著
损伤率	2.971	<	$F_{0.05}=3.69$	不显著

表7-5　F_2检验表

回归方程	F_2 计算值	比较条件	F 查表值	说明	贡献率
空穴率	21.393	>	$F_{0.01}=4.17$	显著	x_1=2.674，x_2=1.237，x_3=0.468
单粒率	614.114	>	$F_{0.01}=4.17$	显著	x_1=2.347，x_2=1.427，x_3=1.411
播种合格率	105.671	>	$F_{0.01}=4.17$	显著	x_1=2.389，x_2=1.894，x_3=1.772
重播率	251.628	>	$F_{0.01}=4.17$	显著	x_1=2.378，x_2=0，x_3=2.231
损伤率	4.898	>	$F_{0.01}=4.17$	显著	x_1=1.732，x_2=0.985，x_3=0.965

进行 t 检验，$\alpha = 0.5$ 时剔除不显著水平，原回归方程可写为如下。

（1）空穴率

$$y = 0.94 - 1.94x_1 + 0.37x_2 + 0.95x_1^2 - 0.59x_1x_2 \tag{7-11}$$

（2）单粒率

$$y = 1.58 - 5.19x_1 + 0.22x_3 + 2.64x_1^2 + 0.76x_2^2 \tag{7-12}$$

（3）播种合格率

$$y = 95.51 - 1.33x_1 - 8.07x_1^2 - 0.87x_2^2 - 1.85x_3^2 \tag{7-13}$$

（4）重播率

$$y = 1.97 + 8.47x_1 - 0.57x_3 + 4.48x_1^2 + 1.80x_3^2 \tag{7-14}$$

（5）损伤率

$$y = 0.49 + 0.08x_1 + 0.11x_1^2 + 0.11x_2^2 + 0.09x_3^2 \tag{7-15}$$

7.4.2.4 试验因素对性能指标影响的图形分析

图 7-4～图 7-8 分别为降维分析得到的单、双因素对性能指标影响关系曲线。单因素曲线是利用多元二次回归模型：$y = b_0 + \sum_{j=1}^{m} b_j x_j + \sum_{i \leqslant j} b_{ij} x_i x_j + \sum_{j=1}^{m} b_{jj} x_j^2$。其中固定 $m-1$ 个元素，可导出单变量的回归子模型为：$y = a_0 + a_s x_s + a_{ss} x_s^2$。分析中将其他几个因素分别固定在 -1、0、$+1$ 水平上得到。双因素曲线是在 m 个因素的二次回归模型中，固定 $m-2$ 个因素，可得到两个因素与指标的回归模型：$y = a_0 + a_s x_s + a_t x_t + a_{st} x_s x_t + a_{ss} x_s^2 + a_{tt} x_t^2$，用两因素曲面图的方法来描述两个因素对指标的效应，获得对性能指标的影响。

（1）对空穴率的影响分析

从秧盘钵孔与型孔中心距对空穴率的影响曲线图 7-4a 中可以看出：随着秧盘钵孔与型孔中心距的逐渐增加，空穴率呈现先降低后增加的趋势。当秧盘钵孔与型孔中心距处于 0 水平以下时，随着秧盘钵孔与型孔中心距的增加，空穴率急剧降低，当秧盘钵孔与型孔中心距超过 0 水平时，随着秧盘钵孔与型孔中心距的增加，空穴率逐渐降低，最低点出现在+1 水平，当秧盘钵孔与型孔中心距处于 1 水平以上时，空穴率呈增加的趋势。原因主要是投种过程中稻种在重力的作用下做抛物线运动，向型孔前下方运动。不同位置稻种下落的水平位移不同，当秧盘钵孔与型孔中心距在一定范围内增加时，稻种水平位移在秧盘钵孔范围内，稻种落入秧盘穴内概率增加；当秧盘钵孔与型孔中心距增大到一定程度后，稻种水平位移不在秧盘钵孔范围内，因此空穴率呈现增加趋势。

从稻种垂直位移对空穴率的影响曲线图 7-4b 中可以看出：当秧盘钵孔与型孔中心距、凸轮转速处于+1 水平，随着稻种垂直位移的增大，空穴率缓慢减少。当秧盘钵孔与型孔中心距、凸轮转速处于−1、0 水平时，随着稻种垂直位移的增大，空穴率增加，其中秧盘钵孔与型孔中心距、凸轮转速同时处于−1 水平时空穴率的变化幅度较快，空穴率最低发生在稻种垂直位移为+1 水平处。原因主要是稻种与翻板分离后，运动轨迹为抛物线，当秧盘钵孔与型孔中心距、凸轮转速处于较高水平时，稻种从翻板落下的水平射程最大，随着稻种垂直位移的不断增大，稻种落入秧盘穴内的概率增加，因此空穴率呈现降低趋势。

秧盘钵孔与型孔中心距和稻种垂直位移共同作用对空穴率的影响曲线如图 7-4A 所示。由图 7-4A 可得出以下结论：秧盘钵孔与型孔中心距、稻种垂直位移同时处于+1 水平时，空穴率最小。当秧盘钵孔与型孔中心距处于较低水平时，空穴率随稻种垂直位移的增加而缓慢增加，当秧盘钵孔与型孔中心距处于较高水平时，随着稻种垂直位移的增加，空穴率缓慢减少；当稻种垂直位移一定时，空穴率随秧盘钵孔与型孔中心距的增加而降低，其中稻种垂直位移处于较高水平时，空穴率随秧盘钵孔与型孔中心距的增加幅度变化较大。综合分析得出，在秧盘钵孔与型孔中心距和稻种垂直位移两者交互作用时，影响装置空穴率的主要因素是秧盘钵孔与型孔中心距。主要是因为：秧盘钵孔与型孔中心距减少，稻种水平位移超出了秧盘钵孔范围内，空穴率增加。

秧盘钵孔与型孔中心距和凸轮转速两者交互作用时对空穴率的影响曲线如图 7-4B 所示。由图 7-4B 可得出以下结论：秧盘钵孔与型孔中心距一定时，空穴率随凸轮转速的增加而缓慢增加，增加幅度很小。当凸轮转速一定时，空穴率随秧盘钵孔与型孔中心距的增加不断降低，降低幅度较大。综合分析得出，在秧盘钵孔与型孔中心距和凸轮转速两者交互作用时，影响空穴率的主要因素是秧盘钵孔与型孔中心距。

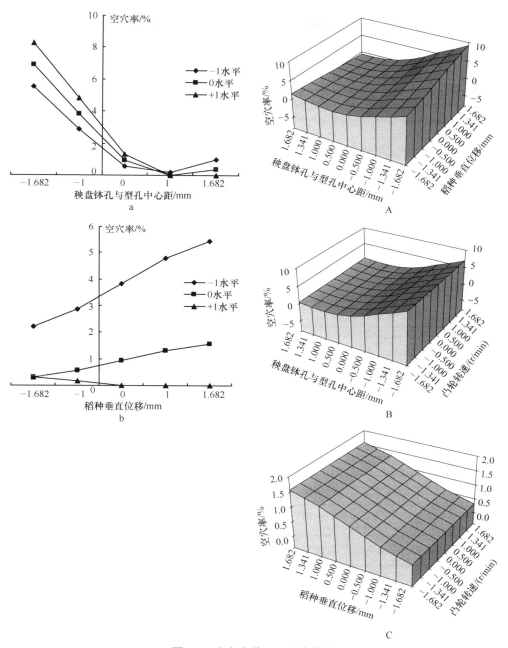

图 7-4 空穴率单、双因素曲线

稻种垂直位移与凸轮转速两者交互作用时对空穴率的影响曲线如图 7-4C 所示。由图 7-4C 可得出以下结论：凸轮转速对空穴率的影响较小，稻种垂直位移对空穴率的影响较大，空穴率随稻种垂直位移的减少而降低，当稻种垂直位移处于较低水平时，空穴率达到最小值。综合分析得出，在稻种垂直位移与凸轮转速两者交互作用时，影响空穴率的主要因素是稻种垂直位移。

采用贡献率法得到各因素秧盘钵孔与型孔中心距 x_1、稻种垂直位移 x_2 和凸轮转速 x_3 对空穴率作用的大小顺序为：$\Delta_1 > \Delta_2 > \Delta_3$，即秧盘钵孔与型孔中心距＞稻种垂直位移＞凸轮转速。

(2) 对单粒率的影响分析

从秧盘钵孔与型孔中心距对单粒率的影响曲线图 7-5a 中可以看出：随着秧盘钵孔与型孔中心距的增加，单粒率减少。当秧盘钵孔与型孔中心距处于 0 水平以下时，单粒率变化显著。原因主要是投种过程中稻种在自身重力的作用下做抛物线运动，向型孔前下方运动，不同位置稻种下落的水平位移不同，当秧盘钵孔与型孔中心距在一定范围内增加时，稻种水平位移在秧盘钵孔范围内，稻种落入秧盘穴内概率增加，当秧盘钵孔与型孔中心距增大到一定程度后，稻种水平位移不在秧盘钵孔范围内，因此空穴率呈现增加趋势。

从稻种垂直位移对单粒率的曲线图 7-5b 中可以看出：随着稻种垂直位移的增加，单粒率先减少后增加。单粒率最小值出现在稻种垂直位移为 0 水平处。其中当秧盘钵孔与型孔中心距、凸轮转速处于较高水平时，单粒率最低。主要原因是稻种与翻板分离后运动轨迹为抛物线，稻种垂直位移太高、太低都会影响稻种落入秧盘穴内的概率。另外，当凸轮转速处于较高水平时，稻种水平位移增加，秧盘钵孔与型孔中心距处于较高水平时，秧盘钵孔内稻种数量增多。

从凸轮转速对单粒率的影响曲线图 7-5c 中可以看出：单粒率随着凸轮转速的增加而增加，变化不显著。其中秧盘钵孔与型孔中心距、稻种垂直位移处于较高水平时，单粒率最低。

图 7-5A 为秧盘钵孔与型孔中心距和稻种垂直位移交互作用下对单粒率的影响。由图 7-5A 中可以看出：空穴率随稻种垂直位移的变化缓慢，随秧盘钵孔与型孔中心距的变化显著。空穴率最低出现在秧盘钵孔与型孔中心距为+1 水平时。在秧盘钵孔与型孔中心距和稻种垂直位移的交互作用中，秧盘钵孔与型孔中心距是影响单粒率的主要因素。

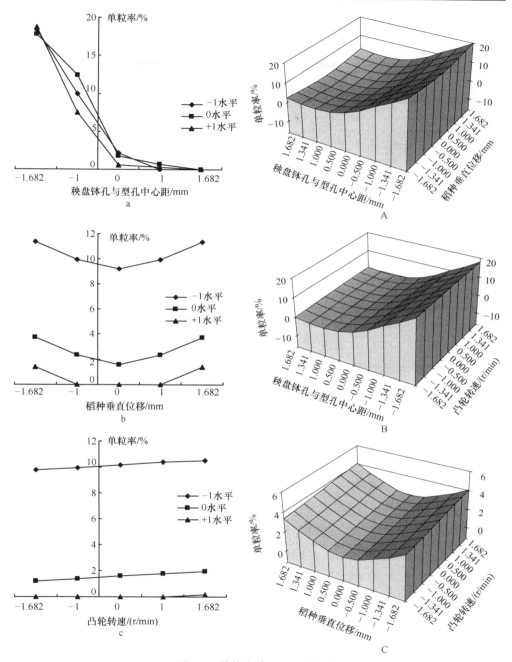

图 7-5　单粒率单、双因素曲线

　　图 7-5B 为秧盘钵孔与型孔中心距和凸轮转速交互作用下对单粒率的影响。由图 7-5B 可以看出：当凸轮转速固定不变时，单粒率随秧盘钵孔与型孔中心距的增加

变化显著；当秧盘钵孔与型孔中心距固定不变时，单粒率随凸轮转速的变化平缓；单粒率较小的区域出现在秧盘钵孔与型孔中心距为+1 水平时。在秧盘钵孔与型孔中心距和凸轮转速的交互作用中，秧盘钵孔与型孔中心距是影响单粒率的主要因素。

图 7-5C 为稻种垂直位移与凸轮转速交互作用下对单粒率的影响。由图 7-5C 可知：当凸轮转速一定时，随稻种垂直位移的增加，单粒率先降低后增加。当稻种垂直位移一定时，单粒率随凸轮转速变化不显著，其中当稻种垂直位移处于较高水平时单粒率随凸轮转速变化幅度，比稻种垂直位移处于较低水平时大。单粒率较小的区域出现在稻种垂直位移为 0 水平时。在稻种垂直位移与凸轮转速的交互作用中，稻种垂直位移是影响单粒率的主要因素。

采用贡献率法得到各因素秧盘钵孔与型孔中心距 x_1、稻种垂直位移 x_2 和凸轮转速 x_3 对单粒率作用的大小顺序为：$\Delta_1 > \Delta_2 > \Delta_3$，即秧盘钵孔与型孔中心距＞稻种垂直位移＞凸轮转速。

(3)对播种合格率的影响分析

从秧盘钵孔与型孔中心距对播种合格率的影响曲线图 7-6 可以看出：随着秧盘钵孔与型孔中心距的逐渐增加，播种合格率先增加后减少，变化显著，最高点发生在秧盘钵孔与型孔中心距为 0 水平处。在秧盘钵孔与型孔中心距处于 0 水平以下时，播种合格率随秧盘钵孔与型孔中心距的增加而增加；在秧盘钵孔与型孔中心距处于 0 水平以上时，播种合格率随秧盘钵孔与型孔中心距的增加而降低。其中，稻种垂直位移、凸轮转速处于–1 或+1 水平时，播种合格率随秧盘钵孔与型孔中心距的变化规律一致。

从稻种垂直位移对播种合格率的影响曲线图 7-6b 可以看出：随着稻种垂直位移的逐渐增加，播种合格率先增加后减少，变化不显著，播种合格率最高点发生在稻种垂直位移为 0 水平处。在稻种垂直位移处于 0 水平以下时，播种合格率随稻种垂直位移的增加而增加，在稻种垂直位移处于 0 水平以上时，播种合格率随稻种垂直位移的增加而降低，其中秧盘钵孔与型孔中心距、凸轮转速处于 0 水平时，播种合格率最高。

从凸轮转速对播种合格率的影响曲线图 7-6c 可以看出：随着凸轮转速的增加，播种合格率先增加后减少，变化不显著，播种合格率最高点发生在种箱速度为 0 水平处。其中当秧盘钵孔与型孔中心距和稻种垂直位移处于 0 水平时，播种合格率最高。

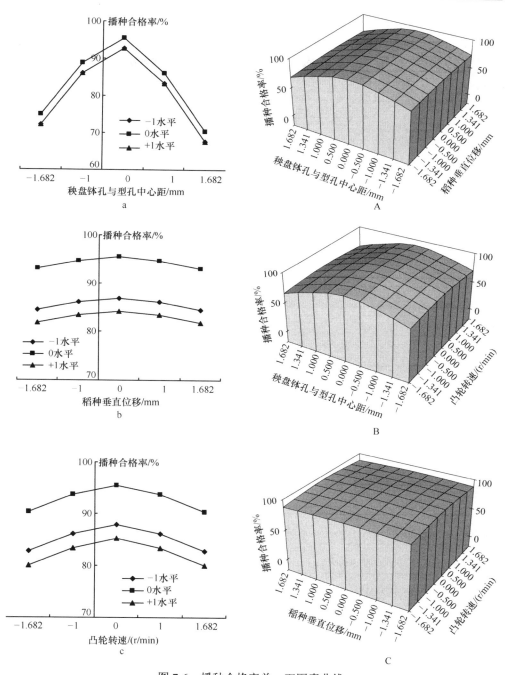

图7-6　播种合格率单、双因素曲线

图 7-6A 为秧盘钵孔与型孔中心距和稻种垂直位移交互作用下对播种合格率

的影响。由图 7-6A 可知：播种合格率较高的区域出现在秧盘钵孔与型孔中心距、稻种垂直位移均为 0 水平时。当秧盘钵孔与型孔中心距一定时，播种合格率随稻种垂直位移的变化不显著；当稻种垂直位移一定时，播种合格率随秧盘钵孔与型孔中心距的增加先增加后减少，最高点发生在秧盘钵孔与型孔中心距处于 0 水平时。当秧盘钵孔与型孔中心距处于 0 水平以下时，播种合格率随秧盘钵孔与型孔中心距的增加而增加；当秧盘钵孔与型孔中心距处于 0 水平以上时，播种合格率随秧盘钵孔与型孔中心距的增加而降低。在秧盘钵孔与型孔中心距和稻种垂直位移的交互作用中，秧盘钵孔与型孔中心距是影响播种合格率的主要因素。

图 7-6B 为秧盘钵孔与型孔中心距和凸轮转速交互作用下对播种合格率的影响。由图 7-6B 可知：当秧盘钵孔与型孔中心距一定时，播种合格率随凸轮转速的增加变化平缓；当凸轮转速一定时，播种合格率随秧盘钵孔与型孔中心距的增加先增大后减少，变化显著。播种合格率相对较高的区域出现在秧盘钵孔与型孔中心距处于 0 水平时。当秧盘钵孔与型孔中心距处于 0 水平以下时，播种合格率随秧盘钵孔与型孔中心距的增加而增加；当秧盘钵孔与型孔中心距处于 0 水平以上时，播种合格率随秧盘钵孔与型孔中心距的增加而降低。在秧盘钵孔与型孔中心距和凸轮转速的交互作用中，秧盘钵孔与型孔中心距是影响播种合格率的主要因素。

图 7-6C 为稻种垂直位移与凸轮转速交互作用下对播种合格率的影响。由图 7-6C 可知：当稻种垂直位移一定时，播种合格率随凸轮转速的增加变化平缓，总体趋势为先增加后减少；当凸轮转速一定时，播种合格率随稻种垂直位移的增加先增大后减少，变化不显著。在稻种垂直位移和凸轮转速的交互作用中，稻种垂直位移是影响播种合格率的主要因素。

采用贡献率法得到各因素秧盘钵孔与型孔中心距 x_1、稻种垂直位移 x_2 和凸轮转速 x_3 对播种合格率作用的大小顺序为：$\Delta_1 > \Delta_2 > \Delta_3$，即秧盘钵孔与型孔中心距＞稻种垂直位移＞凸轮转速。

(4) 重播率的影响分析

从秧盘钵孔与型孔中心距对重播率的影响曲线图 7-7a 中可以看出：当稻种垂直位移和凸轮转速处于较低或较高水平时，重播率随秧盘钵孔与型孔中心距的增加先减少后增加。当稻种垂直位移和凸轮转速处于 0 水平时，重播率随秧盘钵孔与型孔中心距的增加而增加。当秧盘钵孔与型孔中心距处于 −1 水平以下时，重播率变化缓慢；当秧盘钵孔与型孔中心距处于 −1 水平以上时，重播率随秧盘钵孔与型孔中心距的变化显著。当秧盘钵孔与型孔中心距处于−1 水平时，重播率相对较低。

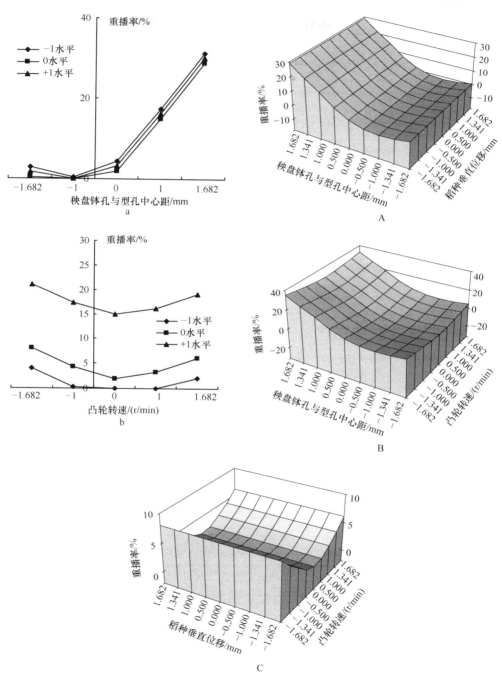

图 7-7　重播率单、双因素曲线

　　从凸轮转速对重播率的影响曲线图 7-7b 中可以看出：随着凸轮转速的增加，重播率先降低后增加，重播率最低处发生在凸轮转速为 0 水平处。秧盘钵孔与型孔中心距和稻种垂直位移处于较低水平时，重播率较低。

　　图 7-7A 为秧盘钵孔与型孔中心距和稻种垂直位移交互作用下对重播率的影响。由图 7-7A 可知：当稻种垂直位移一定时，重播率随秧盘钵孔与型孔中心距的增大而增加，变化显著；当秧盘钵孔与型孔中心距一定时，重播率随稻种垂直位移的变化不显著。重播率较小的区域出现在秧盘钵孔与型孔中心距处于较低水平时。在秧盘钵孔与型孔中心距和稻种垂直位移的交互作用中，秧盘钵孔与型孔中心距是影响重播率的主要因素。

　　图 7-7B 为秧盘钵孔与型孔中心距和凸轮转速交互作用下对重播率的影响。由图 7-7B 可知：当凸轮转速一定时，重播率随秧盘钵孔与型孔中心距的增大而增加，变化显著；当秧盘钵孔与型孔中心距一定时，重播率随凸轮转速的增加变化不显著，总体趋势是先减少后增加。在秧盘钵孔与型孔中心距、凸轮转速均处于较低水平时，装置重播率较小。在秧盘钵孔与型孔中心距和凸轮转速的交互作用中，秧盘钵孔与型孔中心距是影响重播率的主要因素。

　　图 7-7C 为稻种垂直位移与凸轮转速交互作用下对重播率的影响。由图 7-7C 可知：当稻种垂直位移一定时，重播率随凸轮转速的增大先减少后增加，变化显著，当凸轮转速处于 0 水平时，重播率相对较低；当凸轮转速一定时，重播率随稻种垂直位移的变化平缓，不显著。在稻种垂直位移与凸轮转速的交互作用中，凸轮转速是影响重播率的主要因素。

　　采用贡献率法得到各因素秧盘钵孔与型孔中心距 x_1、稻种垂直位移 x_2 和凸轮转速 x_3 对重播率作用的大小顺序为：$\Delta_1 > \Delta_3 > \Delta_2$，即秧盘钵孔与型孔中心距＞凸轮转速＞稻种垂直位移。

　　(5) 损伤率的影响分析

　　从秧盘钵孔与型孔中心距对损伤率的影响曲线图 7-8a 中可以看出：当稻种垂直位移和凸轮转速处于较高和较低水平时，损伤率随秧盘钵孔与型孔中心距的变化曲线重合，即稻种垂直位移和凸轮转速处于较高和较低水平时对损伤率的影响程度相同。损伤率随秧盘钵孔与型孔中心距的增加先减少后增加，损伤率最低点发生在秧盘钵孔与型孔中心距为 0 水平处。

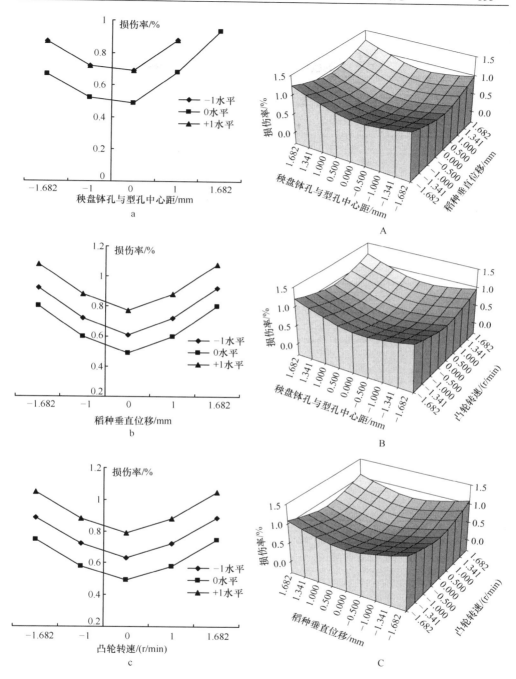

图 7-8 损伤率单、双因素曲线

从稻种垂直位移对损伤率的影响曲线图 **7-8b** 中可以看出：随着稻种垂直位移

的不断提高，损伤率先减小，当稻种垂直位移为 0 水平时，损伤率达到最小值，当稻种垂直位移处于 0 水平以上时，损伤率逐渐增加，稻种垂直位移过高或过低时均会导致损伤率的增加。

从凸轮转速对损伤率的影响曲线图 7-8c 中可以看出：损伤率随凸轮转速的增大先减小后增加，当凸轮转速为 0 水平时，损伤率趋于最低。凸轮转速过大或过小都会导致损伤率的增加。

图 7-8A 为秧盘钵孔与型孔中心距和稻种垂直位移交互作用下对损伤率的影响。由图 7-8A 可知：当稻种垂直位移固定不变时，损伤率随秧盘钵孔与型孔中心距的增大先减少后增加；当秧盘钵孔与型孔中心距固定不变时，损伤率随稻种垂直位移的增大先减少后增加；损伤率较小的区域出现在秧盘钵孔与型孔中心距和稻种垂直位移均为 0 水平时。在秧盘钵孔与型孔中心距和稻种垂直位移的交互作用中，秧盘钵孔与型孔中心距是影响损伤率的主要因素。

图 7-8B 为秧盘钵孔与型孔中心距和凸轮转速交互作用下对损伤率的影响。由图 7-8B 可知：当凸轮转速一定时，损伤率随秧盘钵孔与型孔中心距的增大先减少后增加；当秧盘钵孔与型孔中心距一定时，损伤率随凸轮转速的增加先减小后增加。在秧盘钵孔与型孔中心距和凸轮转速的交互作用中，秧盘钵孔与型孔中心距是影响损伤率的主要因素。

图 7-8C 为稻种垂直位移与凸轮转速交互作用下对损伤率的影响。由图 7-8C 可知：当凸轮转速一定时，损伤率随稻种垂直位移的增大先有所减少后增加；当稻种垂直位移一定时，损伤率随凸轮转速的增加先减小后增加。在稻种垂直位移与凸轮转速的交互作用中，秧盘钵孔与型孔中心距是影响损伤率的主要因素。

采用贡献率法得到各因素秧盘钵孔与型孔中心距 x_1、稻种垂直位移 x_2 和凸轮转速 x_3 对损伤率作用的大小顺序为：$\varDelta_1 > \varDelta_2 > \varDelta_3$，即秧盘钵孔与型孔中心距 > 稻种垂直位移 > 凸轮转速。

7.5　性能指标优化

根据播种装置性能的要求，本书利用主目标函数法[50~53]，借助 Matlab[54~58] 软件进行优化求解。分别以空穴率、单粒率、播种合格率、重播率、损伤率 5 个播种性能指标的回归方程作为目标函数，其他剩余的回归方程作为约束条件，设计优化模型如下。

(1) 以空穴率作为目标函数，得到优化模型

$$\min\ 0.94 - 1.94x_1 + 0.37x_2 + 0.95x_1^2 - 0.59x_1x_2$$
$$0 \leqslant 1.58 - 5.19x_1 + 0.22x_3 + 2.64x_1^2 + 0.76x_2^2 \leqslant 2$$
$$100 \geqslant 95.51 - 1.33x_1 - 8.07x_1^2 - 0.87x_2^2 - 1.85x_3^2 \geqslant 92.5$$
$$0 \leqslant 1.97 + 8.47x_1 - 0.57x_3 + 4.48x_1^2 + 1.80x_3^2 \leqslant 5$$
$$0 \leqslant 0.49 + 0.08x_1 + 0.11x_1^2 + 0.11x_2^2 + 0.09x_3^2 \leqslant 2$$

$$-1.682 \leqslant x_1 \leqslant 1.682$$
$$-1.682 \leqslant x_2 \leqslant 1.682$$
$$-1.682 \leqslant x_3 \leqslant 1.682$$

(2) 以单粒率作为目标函数，得到优化模型

$$\min\ 1.58 - 5.19x_1 + 0.22x_3 + 2.64x_1^2 + 0.76x_2^2$$
$$0 \leqslant 1.58 - 5.19x_1 + 0.22x_3 + 2.64x_1^2 + 0.76x_2^2 \leqslant 2$$
$$100 \geqslant 95.51 - 1.33x_1 - 8.07x_1^2 - 0.87x_2^2 - 1.85x_3^2 \geqslant 92.5$$
$$0 \leqslant 0.49 + 0.08x_1 + 0.11x_1^2 + 0.11x_2^2 + 0.09x_3^2 \leqslant 2$$
$$0 \leqslant 1.97 + 8.47x_1 - 0.57x_3 + 4.48x_1^2 + 1.80x_3^2 \leqslant 5$$
$$0 \leqslant 0.94 - 1.94x_1 + 0.37x_2 + 0.95x_1^2 - 0.59x_1x_2 \leqslant 0.4$$

$$-1.682 \leqslant x_1 \leqslant 1.682$$
$$-1.682 \leqslant x_2 \leqslant 1.682$$
$$-1.682 \leqslant x_3 \leqslant 1.682$$

(3) 以播种合格率作为目标函数，得到优化模型

$$\min\ 95.51 - 1.33x_1 - 8.07x_1^2 - 0.87x_2^2 - 1.85x_3^2$$
$$0 \leqslant 1.58 - 5.19x_1 + 0.22x_3 + 2.64x_1^2 + 0.76x_2^2 \leqslant 2$$
$$0 \leqslant 1.97 + 8.47x_1 - 0.57x_3 + 4.48x_1^2 + 1.80x_3^2 \leqslant 5$$
$$0 \leqslant 0.49 + 0.08x_1 + 0.11x_1^2 + 0.11x_2^2 + 0.09x_3^2 \leqslant 2$$
$$0 \leqslant 0.94 - 1.94x_1 + 0.37x_2 + 0.95x_1^2 - 0.59x_1x_2 \leqslant 0.4$$

$$-1.682 \leqslant x_1 \leqslant 1.682$$
$$-1.682 \leqslant x_2 \leqslant 1.682$$

$-1.682 \leqslant x_3 \leqslant 1.682$

（4）以重播率作为目标函数，得到优化模型

$\min \ 1.97 + 8.47x_1 - 0.57x_3 + 4.48x_1^2 + 1.80x_3^2$

$0 \leqslant 1.58 - 5.19x_1 + 0.22x_3 + 2.64x_1^2 + 0.76x_2^2 \leqslant 2$

$100 \geqslant 95.51 - 1.33x_1 - 8.07x_1^2 - 0.87x_2^2 - 1.85x_3^2 \geqslant 92.5$

$0 \leqslant 0.49 + 0.08x_1 + 0.11x_1^2 + 0.11x_2^2 + 0.09x_3^2 \leqslant 2$

$0 \leqslant 0.94 - 1.94x_1 + 0.37x_2 + 0.95x_1^2 - 0.59x_1x_2 \leqslant 0.4$

$-1.682 \leqslant x_1 \leqslant 1.682$

$-1.682 \leqslant x_2 \leqslant 1.682$

$-1.682 \leqslant x_3 \leqslant 1.682$

（5）以损伤率作为目标函数，得到优化模型

$\min \ 0.49 + 0.08x_1 + 0.11x_1^2 + 0.11x_2^2 + 0.09x_3^2$

$0 \leqslant 1.58 - 5.19x_1 + 0.22x_3 + 2.64x_1^2 + 0.76x_2^2 \leqslant 2$

$100 \geqslant 95.51 - 1.33x_1 - 8.07x_1^2 - 0.87x_2^2 - 1.85x_3^2 \geqslant 92.5$

$0 \leqslant 1.97 + 8.47x_1 - 0.57x_3 + 4.48x_1^2 + 1.80x_3^2 \leqslant 5$

$0 \leqslant 0.94 - 1.94x_1 + 0.37x_2 + 0.95x_1^2 - 0.59x_1x_2 \leqslant 0.4$

$-1.682 \leqslant x_1 \leqslant 1.682$

$-1.682 \leqslant x_2 \leqslant 1.682$

$-1.682 \leqslant x_3 \leqslant 1.682$

借助 Matlab 优化求解后，得到不同目标函数下的最佳参数组合方案，如表 7-6 所示。

表7-6　不同目标函数下的最佳参数组合方案

目标函数	秧盘钵孔与型孔中心距		稻种垂直位移		凸轮转速	
	水平值	实际值/mm	水平值	实际值/mm	水平值	实际值/(r/min)
空穴率	0.3079	13.616	−0.5524	26.790	0.0051	13.010
单粒率	0.3089	13.618	−0.1669	28.332	0.0276	13.055
播种合格率	0.2341	13.468	−0.5949	26.628	0.0000	13.000
重播率	0.1097	13.219	−0.9091	25.364	0.01036	13.021
损伤率	0.3088	13.618	−0.1680	28.328	0.0237	13.047

表 7-6 表明：不同性能指标作为目标函数时的最佳参数组合方案中，秧盘钵孔与型孔中心距多数处于 0～0.5 水平，稻种垂直位移多数接近-0.5～0 水平，凸轮转速多数接近 0 水平。综合考虑后得出装置的最佳参数组合方案为：秧盘钵孔与型孔中心距为 14mm，稻种垂直位移为 27mm，凸轮转速为 13r/min。

7.6 验证试验

当秧盘钵孔与型孔中心距为 14mm，稻种垂直位移为 27mm，凸轮转速为 13r/min 时，进行验证试验，得到的性能指标见表 7-7。

表7-7 验证试验所得性能指标

空穴率/%	单粒率/%	播种合格率/%	重播率/%	损伤率/%
0.371	1.519	95.426	2.684	0.581

通过试验证明，由最佳参数组合方案所做的验证试验，得到的性能指标均接近理论值，且能满足技术要求。

7.7 小结

本章以空穴率、单粒率、播种合格率、重播率、损伤率为性能指标，在自行研制的试验台上，进行了单因素及回归正交旋转组合试验，得出如下结论。

在固定水稻品种、含水率、型孔厚度、翻板长度、秧盘与型孔的对应位置等条件下，进行了秧盘钵孔与型孔中心距、稻种垂直位移、凸轮转速的单因素试验研究，分析结果如下。

1)播种合格率最高点分别发生在秧盘钵孔与型孔中心距 13mm、稻种垂直位移为 29mm、凸轮转速为 13r/min 处。

2)依据二次正交旋转组合设计的试验方法，建立了秧盘钵孔与型孔中心距、稻种垂直位移、凸轮转速对性能指标的回归方程，探讨了各因素对单粒率、空穴率、重播率、播种合格率、损伤率等性能指标的影响规律。通过回归分析，得出影响性能指标的主次因素如下。

影响空穴率的各因素主次顺序为：秧盘钵孔与型孔中心距＞稻种垂直位移＞凸轮转速。影响单粒率的各因素主次顺序为：秧盘钵孔与型孔中心距＞稻种垂直位移＞凸轮转速。影响播种合格率的各因素主次顺序为：秧盘钵孔与型孔中心距＞稻种垂直位移＞凸轮转速。影响重播率的各因素主次顺序为：秧盘钵孔与型孔中心距＞凸轮转速＞稻种垂直位移。影响损伤率的各因素主次顺序为：秧盘钵孔与型孔中心距＞稻种垂直位移＞凸轮转速。

3) 采用主目标函授法，用 Matlab 进行优化求解，得到优化参数为：秧盘钵孔与型孔中心距为 14mm，稻种垂直位移为 27mm，凸轮转速为 13r/min，通过验证试验所得到的性能指标均满足技术要求。

8 结论及展望

8.1 结论

本书在高等学校博士学科点专项科研基金联合资助项目：水稻植质钵盘精量播种关键部件机理的研究(项目编号：305110002)的资助下，为进一步提高机械式水稻植质钵盘精量播种装置的性能指标，系统分析了前人关于水稻植质钵盘精量播种的相关研究成果，针对寒地水稻钵育技术的要求，以水稻芽种物理特性为基础，对机械式水稻植质钵盘精量播种装置进行了深入研究，得到以下结论。

1)以黑龙江省常用水稻品种为研究对象，对影响播种的芽种物理特性进行研究，结果表明：稻种的三轴尺寸、千粒重、静止角、自流角均随含水率的增加而增加。当含水率为25%时，4个品种稻种厚度主要分布在2.1～2.7mm；宽度主要分布在3.2～4.2mm；长度主要分布在6.2～7.4mm；千粒重主要分布在34～41g；静止角主要分布在43°～49°；自流角主要分布在33.23°～38.56°，其中流动性最差的水稻品种为'空育131'。

2)运用微分方程，建立了充种过程中稻种运动模型，获得了充种过程中稻种运动轨迹及影响充种性能的主要因素，并以品种'空育131'的稻种为例，当型孔直径取 10mm、型孔厚度取 4mm 时，稻种充种速度取值 $0.095\text{m/s} \leqslant v_x \leqslant 0.135\text{m/s}$，当种箱速度为 0.135m/s 时，稻种充种过程运动轨迹为 $y = 214.9x^2$。

3)依据二次正交旋转组合设计的试验方法，建立了型孔直径、型孔厚度、种箱速度对性能指标的回归方程，并进行了分析说明，结论如下。①探讨了各因素对单粒率、空穴率、重充率、充种率、损伤率等性能指标的影响规律，得出影响性能指标的主次因素为：空穴率，型孔直径>种箱速度>型孔厚度；单粒率，型孔厚度>型孔直径>种箱速度；充种率，型孔直径>型孔厚度>种箱速度；重充率，型孔直径>型孔厚度>种箱速度；损伤率，型孔直径>型孔厚度>种箱速度。②采用主目标函授法，用 Matlab 进行优化求解，得到最优参数：型孔直径为10mm，型孔厚度为 4mm，种箱速度为 0.1091m/s，通过验证试验所得到的性能指标均满足技术要求。

4) 基于机械式水稻植质钵盘精量播种装置工作原理，利用第二拉格朗日方程构建了播种装置投种过程动力学模型并进行了仿真，结果表明：稻种相对于翻板的运动位移、速度、加速度随时间的增加而呈非线性增加；稻种运动位移随翻板角位移的增加呈上凸形抛物线变化，稻种运动速度随翻板角速度的增加呈下凸形抛物线变化；稻种运动位移、运动速度均与稻种初始位移有关。投种开始时，稻种首先与翻板保持相对静止，随着时间的增加，稻种根据所在位置的不同发生慢慢移动、分离，越靠近翻板边缘的稻种越容易与翻板发生分离。

5) 基于机械式水稻植质钵盘精量播种装置工作原理，构建了播种装置投种过程稻种运动模型并进行仿真。结果表明：投种开始时，稻种与翻板保持相对静止，稻种相对速度为 0m/s；当翻板转过一定角度后，稻种与翻板开始产生相对运动。当稻种的相对速度产生的相对位移超出翻板长度后，稻种与翻板发生分离，稻种与翻板分离后在垂直方向做加速运动，在水平方向做匀速运动，稻种水平位移随着垂直位移的增加而增加，运动轨迹符合二次曲线，垂直位移越小，投种过程稻种水平位移越小，稻种落入秧盘越集中。

6) 利用加速度合成定理建立了播种装置投种过程稻种加速度模型并进行了仿真，结果如下：①稻种水平、垂直加速度随稻种运动位移、翻板角速度的增加呈非线性增加，其中稻种在翻板上运动时，稻种受到的合外力较小，对稻种损伤程度小；翻板角速度越大，稻种在翻板上运动时受到的合外力越大，稻种越易损伤。②当翻板角位移在$[0, 0.5\pi]$变化时，稻种与翻板分离时翻板角位移与稻种初始位移成反比，即稻种越靠近翻板边缘，稻种与翻板发生分离时翻板角位移越小。

7) 在自行研制的试验台上利用高速摄像技术在线拍摄了稻种的运动过程，并与理论结果进行对比分析，得到以下结论：①投种过程中稻种的运动轨迹符合二次曲线，合速度随时间增加而呈非线性增加，轨迹为一条上升的非线性曲线；水平速度随时间的增加先增加后保持不变；稻种水平速度、水平位移、播种装置投种时间均随凸轮转速的增加变化而变化。②稻种在运动过程中发生自转与偏转，为使稻种以竖立状态落入秧盘，垂直位移确定为 20～54mm；稻种的水平位移随垂直位移的增加而增加，根据高速摄像的研究结果，同时考虑到现行钵育秧盘钵孔尺寸为 15.4mm×17mm，在实际工作中，为了保证 3～5 粒稻种落入秧盘钵孔中，垂直位移取 20～37mm，秧盘钵孔与型孔中心距取 9～16mm。③实际结果与理论结果相似度为89%以上，进一步证明了理论模型的有效性。

8) 依据二次正交旋转组合设计的试验方法，建立了秧盘钵孔与型孔中心距、稻种垂直位移、凸轮转速对性能指标的回归方程，并进行了分析说明。结论如下。①探讨了各因素对单粒率、空穴率、重播率、播种合格率、损伤率等性能指标的影响规律。通过回归分析，得出影响性能指标的主次因素为：空穴率，秧盘钵孔与型孔中心距＞稻种垂直位移＞凸轮转速；单粒率，秧盘钵孔与型孔中心距＞稻种垂直位移＞凸轮转速；播种合格率，秧盘钵孔与型孔中心距＞稻种垂直位移＞凸轮转速；重播率，秧盘钵孔与型孔中心距＞凸轮转速＞稻种垂直位移；损伤率，秧盘钵孔与型孔中心距＞稻种垂直位移＞凸轮转速。②采用主目标函数法，用 Matlab 进行优化求解，得到最优参数：秧盘钵孔与型孔中心距为 14mm，稻种垂直位移为 27mm，凸轮转速为 13r/min，通过验证试验所得到的性能指标均满足技术要求。

8.2　展望

机械式水稻精量播种装置的播种过程是受到许多因素所影响的，目前第二拉格朗日方程还处在不断发展中，这也导致了要建立完善的播种装置动力学模型还存在许多难题，很多理论分析方法还处于摸索阶段。结合实际工作，作者觉得本研究还可以在以下方面开展更加深入、全面、细致的工作。

1) 机械式水稻精量播种装置对水稻具有很好的工作效果，但实际中的稻种品种多，其物理特性各异，几何形态千差万别，因此，如何准确建立稻种力学模型，有针对性地选择型孔结构形式，分析稻种运动模型对于提高播种装置性能都有重要意义。

2) 要提高播种精度，必须综合考虑各个因素对播种器工作性能的影响，因此，引入多信息融合技术、实现智能控制将成为主要发展方向。

3) 使用新型复合材料，改进加工工艺，保证型孔、翻板的形状和尺寸精度，对于提高播种器的播种精度和工作效率都有重要的意义。

参 考 文 献

[1] 中共中央，国务院. 关于加快推进农业科技创新持续增强农产品供给保障能力的若干意见 [EB/OL]. http://www. gov. cn/jrzg/2012-02/01/content_2056357. htm[2015-09-10].

[2] 中华人民共和国国家统计局. 中国统计年鉴[M]. 北京：中国统计出版社，2011.

[3] Bracy RP，Parish RL，McCoy JE. Precision seeder uniformity varies with theoretical spacing[C]. 1998 ASAE Annual Meeting，ASAE Paper No. 98095，1998.

[4] 马飞. 寒地水稻旱育稀植技术应用中存在的问题及解决办法[J]. 工作研究，2010，（3）：101-102.

[5] 顾春梅，曹书恒，解保胜，等. 寒地水稻旱育稀植分蘖发生特点、生产力及米质[J]. 现代化农业，2000，（6）：6-7.

[6] 孙仕明，韩宏宇，姜明海. 我国水稻生产机械化现状及发展趋势[J]. 农机化研究，2004，5（3）：21-22.

[7] 吴少宏. 育秧方式与植物生长调节剂对杂交水稻生长发育的影响[J]. 现代农业科技，2011，24：85，89.

[8] Sharma R. Direct seeding and transplanting for rice production under flood-prone lowland conditions[J]. Field Crops Research，1995，44：129-137.

[9] 高连兴，赵秀荣. 机械化移栽方式对水稻产量及主要性状的影响[J]. 农业工程学报，2002，18（3）：45-48.

[10] Kim HJ，Lee SY. Growth and yield of sedum to sum as affected by planting density in cultivation system using a rice nursery tray[J]. Korean Journal of Crop Science，2008，53（2）：196-202.

[11] O'Neill GA，Radley RA，Chanway CP. Variable effects of emergence-promoting rhizobacteria on conifer seedling growth under nursery conditions[J]. Biology and Fertility of Soils，1992，13（1）：45-49.

[12] Patel GJ，Ramakrishnayya BV，Patel BK. Effect of soil and foliar application of ferrous sulphate and of acidulation of soil on iron chlorosis of paddy seedlings ingoradusoil nurseries in India[J]. Plant and Soil，1977，46（1）：209-219.

[13] 吴书明. 水稻机插秧育秧过程中应注意的几个问题[J]. 南方农业，2011，11（5）：44-45.

[14] 陶桂香，衣淑娟，汪春，等. 水稻钵盘精量播种机充种性能试验[J]. 农业工程学报，2013，08：44-50.

[15] 汪春，衣淑娟，郑桂萍. 水稻植质钵育秧盘及其制备方法[P]：中国，200810137207. 8. 2009-2-11.

[16] 汪春，郑桂萍，刘天祥. 水稻植质钵育秧盘[P]：中国，02147462.1.2003-05-13.

[17] 汪春，郑桂萍，刘天祥. 水稻植质干粉钵育秧盘[P]：中国，200720117544.1.2008-10-12.

[18] 汪春，衣淑娟，郭占斌. 型孔转板式水稻钵盘精量播种机[P]：中国，200710144708.4. 2008-07-15.

[19] 汪春，郭占斌，刘天祥. 高精度水稻钵育秧盘播种装置[P]：中国，200810137167.7. 2009-02-10.

[20] 汪春，衣淑娟，郭占斌. 型孔转板式水稻钵盘精量播种机[P]：中国，200720117542.2. 2008-10-15.

[21] 汪春，郭占斌，丁元贺. 水稻钵育联合精量真空播种装置[P]：中国，200620021807.4. 2007-11-10.

[22] 汪春，衣淑娟，郭占斌. 钵育秧盘精量播种机[P]：中国，02287125.X.2003.10.

[23] 汪春，郭占斌，衣淑娟. 水稻摆栽插秧双功能水稻栽植机[P]：中国，200720117412.9. 2007-11-15.

[24] 梁宝忠. 农业部提出：力争2015年全国水稻耕种收综合机械化水平超过70%[EB/OL]. http: //www. moa. gov. cn/zwllm/zwdt/201101/t20110122_1811362. htm[2011－01－22].

[25] MurugaboopathicC. New Rice Growing System to Increase Labor Productivity in Japan [J]. ·AMA，1992，23(1)：15-19.

[26] Choi WC，Kim DC，Ryu IH. Development of a seedling pick-up device for vegetable transplanters [J]. Transactions of the American Society of Agricultural Engineers，2002，45(1)： 13-19.

[27] Chiu YC，Chen YJ，Fon DS. Development of a transportation decision support system for rice seedling nurseries [J]. Agricultural Engineering Journal，2007，16(3/4)：189-207.

[28] Guarella P，Pellerano A，Pascuzzi S. Experimental and theoretical performance of a vacuum seeder nozzle for vegetable seeds[J]. J Agric Engng Res，1996，64：29-36.

[29] Karayel D，Barut ZB，Ozmerzi A. Mathematical modeling of vacuum pressure on a precision seeder[J]. Biosystems Engineering，2004，87(4)：437-444.

[30] 袁月明，马旭. 我国水稻种植机械化的发展现状及芽播机械化的展望[J]. 农机化研究， 2004，(1)：41-43.

[31] 宋建农. 针状气吸式精密播种装置[P]：中国，CN2473869.2002-01-30.

[32] 刘彩玲，宋建农，张广智，等. 气吸式水稻钵盘精量播种装置的设计与试验研究[J]. 农业 机械学报，2005，36(2)：43-46.

[33] 王丽君. 针吸式穴盘自动播种机的设计与研究[D]. 郑州：河南农业大学硕士学位论文， 2003.

[34] Yazgi A，Degirmencioglu A. Optimisation of the seed spacing uniformity performance of a vacuum-type precision seeder using response surface methodology[J]. Biosystems Engineering， 2007，97(3)：347-356.

[35] Bereket BZ. Effect of different operating parameters on seed holding in the single seed metering

unit of a pneumatic planter[J]. Turkish Journal of Agricultural Machinery, 2004, 28(6): 435-441.

[36] Gaikwad BB, Sirohi NPS. Design of a low-cost pneumatic seeder for nursery plug trays[J]. Biosystems Engineering, 2008, 99(3): 322-329.

[37] Karayel D. Performance of a modified precision vacuum seeder for no-till sowing of maize and soybean[J]. Soil and Tillage Research, 2009, 104(1): 121-125.

[38] Karayel D, Barut ZB, Ozmerzi A. Mathematical modeling of vacuum pressure on a precision seeder[J]. Biosystems Engineering, 2004, 87(4): 437-444.

[39] Singh RC, Singh G, Saraswat DC. Optimisation of design and operational parameters of a pneumatic seed metering device for planting cottonseeds[J]. Biosystems Engineering, 2005, 92(4): 429-438.

[40] 庞昌乐, 鄂卓茂, 苏聪英, 等. 气吸式双层滚筒水稻播种装置设计与试验研究[J]. 农业工程学报, 2000, 16(5): 52-55.

[41] 王朝辉. 气吸滚筒式超级稻育秧播种器的基本理论及试验研究[D]. 长春: 吉林大学博士学位论文, 2010.

[42] 董永鹫. 水稻气吸滚筒式排种器种盘的优化设计[D]. 长春: 吉林农业大学硕士学位论文, 2011.

[43] 赵湛, 李耀明, 陈进, 等. 气吸滚筒式排种器吸种过程的动力学分析[J]. 农业工程学报, 2011, 7(27): 112-116.

[44] Wang YX, Luo XW, Xiang WB. Research on paddy seedling ordered pneumatic throwing transplantation[C]. 2002 ASAE Annual Meeting, ASAE Paper No. 021060, 2002.

[45] Jafari F, Upadhyaya SK. Development and field evaluation of a hydropneumatic planter for primed vegetable seeds[J]. Transactions of the ASAE, 1994, 37(4): 1069-1075.

[46] Chiu YC, Fon DS, Chen LH. A simulation model of a seeding system for rice nursery[J]. Journal of Agricultural Engineering Research, 1998, 69: 239-248.

[47] Yasuda A, Koga H, Sakamoto K. Nursery Facility[P]: Japan, JP09154414. 1997-06-17.

[48] 刘彩玲, 宋建农, 王继承, 等. 吸盘式精密播种装置气力吸种部件流场仿真分析[J]. 中国农业大学学报, 2010, 01: 116-120.

[49] 邱兵, 张建军, 陈忠慧. 气吸振动式秧盘精播机振动部件的改进设计[J]. 农机化研究, 2002, (2): 66-67.

[50] 张敏, 吴崇友, 张文毅. 吸盘式水稻育秧播种装置吸孔气流场仿真分析[J]. 农业工程学报, 2011, 27(7): 162-167.

[51] 李耀明, 赵湛, 陈进, 等. 气吸振动式播种装置吸种性能数值模拟与试验[J]. 农业机械学报, 2008, 39(10): 95-99.

[52] 汪春, 张锡志, 衣淑娟, 等. 水稻育秧气吸式播种机的试验研究[J]. 机械设计与制造, 2006, (4): 103-105.

[53] 周海波. 水稻秧盘育秧精密播种机的关键技术研究与应用[D]. 长春: 吉林大学博士学位论

文，2009.

[54] 赵立新，郑立允，刘志民，等. 气动振动器气吸播种机的种子振动性能研究[J]. 农业工程学报，2005，21(7)：65-68.

[55] 张广智. 气吸式水稻钵盘精量播种机的理论和试验研究[D]. 北京：中国农业大学硕士学位论文，2000.

[56] 梶昌幸. 吹零し播種方法とその装置[P]：日本，3297308A. 1991-12-27.

[57] Karayel D，Barut ZB，Ozmerzi A. Mathematical modeling of vacuum pressure on a precision seeder[J]. Bio-systems Engineering，2004，87(4)：437-444.

[58] Fallak SS，Sverker PEP. Vacuum nozzle design for seed metering[J]. Transactions of the ASAE，1984，27(3)：688-696.

[59] 陶桂香，衣淑娟，毛欣，等。 水稻值质播盘精量播种装置投种过程的运力学分析[J]. 农业工程学报，2013，21：33-39.

[60] 三谷誠次郎. 中山間地における水田作の機械化技術[J]. 農業機械学会誌，2009，7(2)：4-7.

[61] ニューきんば播種機(SR シリーズ)[EB/OL]. http：//www. kubota-nouki. jp/kanren/index. php?page=search&offset=0[2015-06-15].

[62] 小林悦男，小田富広，重光裕昭. ドラム揺動式播種装置[P]：日本，8322332A. 1996-12-10.

[63] 王立臣，刘小伟，魏文军，等. 2ZBZ-600 型水稻播种设备的试验与应用[J]. 农机化研究，2000，(1)：70-72.

[64] 王冲，宋建农，王继承，等. 穴孔式水稻播种装置投种过程分析[J]. 农业机械学报，2010，41(8)：39-42.

[65] 王冲，宋建农，王继承，等. 基于改进 BP 神经网络的排种器充种性能预测[J]. 农业机械学报，2010，41(9)：64-67.

[66] 毛艳辉. 水稻育秧精密播种机的试验研究[D]. 北京：中国农业大学硕士学位论文，2006.

[67] 赵镇宏. 刷轮式苗盘精播装置型孔板型孔尺寸的确定[J]. 农业机械学报，2005，36(3)：44-47.

[68] 宋景玲，闻建文，张丽丽. 型孔板刷轮式苗盘精播装置的研究[J]. 农机化研究，2002，(02)：85-88.

[69] 赵镇宏，宋景玲，邢丽荣. 型孔板刷轮式苗盘精播装置中刷种轮参数计算[J]. 农机化研究，2004，(2)：167-168.

[70] 赵镇宏. 型孔板式育苗盘精密播种器的试验研究[D]. 北京：中国农业大学硕士学位论文，2004.

[71] 张文毅，肖体琼. 链板式精密播种排种器[P]：中国，200620074182. 2007-07-11.

[72] 周祖锷. 农业物料学[M]. 北京：农业出版社，1994：40-50.

[73] 袁月明，吴明，于恩中，等. 水稻芽种物料特性的研究[J]. 吉林农业大学学报，2003，25(6)：682-684.

[74] 田先明. 水稻破胸芽种的物料特性试验[J]. 湖南农机，2008，(5)：9-11.

[75] 于恩中. 水稻芽种物料特性的试验研究[D]. 长春：吉林农业大学硕士学位论文，2001.

[76] 陶桂香，衣淑娟，史德慧，等. 水浸入式控温水稻种子浸种催芽设备的温度场分析[J]. 农业机械学报，2011，30(11)：76-79.

[77] 张波屏. 现代种植机械工程[M]. 北京：机械工业出版社，1997：7-9.

[78] 张波屏. 播种机械设计原理[M]. 北京：机械工业出版社，1982：7-9.

[79] 孙涛，商文楠，金学泳，等. 不同播种粒数对水稻生育及其产量的影响[J]. 中国农学通报，2005，21(7)：134-137.

[80] 袁隆平. 超级杂交稻研究[M]. 上海：上海科学技术出版社，2006：25-35.

[81] Wu CFJ，Hamada M. 试验设计与分析及参数优化[M]. 吴建福译北京：中国统计出版社，2003.

[82] Knowlton J，Keppinger R. The experimentation process[J]. Quality Progress，1993，(2)：43-47.

[83] Hinkelmann K，Kempthorne O. Design and Analysis of Experiments[M]. New York：John Wiley and Sons，1994.

[84] Barton RR. Pre-experiment planning for designed experiments[J]. Journal of Quality Technology，1997，29：307-316.

[85] 衣淑娟，陶桂香，毛欣. 两种轴流脱粒分离装置脱出物分布规律对比试验研究[J]. 农业工程学报，2008，(06)：154-156.

[86] Hale-Bennett C，In DKJ. From SPC to DOE：a case study at Meco [J]. Inc Quality Engineering，1997，(9)：489-502.

[87] Hamada M，Wu CFJ. The treatment of related experimental factors by sliding levels[J]. Journal of Quality Technology，1995，27：45-55.

[88] Kempthorne O. Design and Analysis of Experiments [M]. New York：John Wiley & Sons，1952.

[89] 衣淑娟，陶桂香，毛欣. 组合式轴流脱分装置动力学仿真[J]. 农业工程学报，2009，(07)：94-97.

[90] 谢传峰. 动力学[M]. 北京：高等教育出版社，1999：50-68.

[91] Singer FL. Engineering Mechanics，Statics and Dynamics [M]. 3rd ed. New York：Harper& Row，1975：75-95.

[92] 李升揆，川村登. 轴流スレシセに关する研究(第二报)—— 被脱谷物のこざ室内での运动解析[J]. 农业机械学会誌，1986，48(1)：33～41.

[93] Doucet J，Bertrand F，Chaouki J. Experimental characterization of the chaotic dynamics of cohesionless particles：Application to a V-blender [J]. Granular Matter，2008，10：133-138.

[94] 哈尔滨工业大学理论力学教研室. 理论力学：(Ⅰ)，(Ⅱ)[M]. 7 版. 北京：高等教育出版社，2009：172-191.

[95] 哈尔滨工业大学理论力学教研室. 理论力学思考题集[M]. 7 版. 北京：高等教育出版社，2004：165-170.

[96] 陶桂香，衣淑娟. 组合式轴流装置稻谷运动仿真及高速摄像验证[J]. 农业机械学报，2009，

(02)：84-86.

[97] 马旭，王剑平. 用图像处理技术检测精密排种器性能[J]. 农业机械学报，2001，32（4）：34-37.

[98] 张军，丁元法，李英，等. 精密排种器性能检测技术的发展与现状[J]. 农机化研究，2002，（3）：16-17，32.

[99] 安爱琴，王玉顺，王洪强，等. 基于机器视觉的精播排种器性能检测方法[J]. 农机化研究，2007，（7）：48-50.

[100] 胡建平，陆黎. 磁吸式穴盘播种装置图像监控系统设计[J]. 农业机械学报，2006，37（11）：88-91.

[101] Kim DE，Chang YS，Kim HH，et al. An automatic seeding system using machine vision for seed line-up of cucurbitaceous vegetables[C]. 2006 ASABE Annual Meeting，ASAE Paper No. 061206，2006.

[102] 衣淑娟，蒋恩臣. 轴流脱粒与分离装置脱粒过程的高速摄像分析[J]. 农业机械学报，2008，（05）：52-55.

[103] 衣淑娟，汪春，毛欣，等. 轴流滚筒脱粒后自由籽粒空间运动规律的观察与分析[J]. 农业工程学报，2008，（05）：136-139.

[104] He PX，Yang MJ，Chen J，et al. Photoelectric controlled metering device of electromagnetic vibrating type[J]. Transactions of the CSAE，2003，19(5)：84-86.

后　记

  本专著是在多年的教学和科研基础上完成的,在这里我要感谢学科科研项目的支持和各位老师对我们的学术锻炼和培养。在理论与实践课题的研究过程中,得到了黑龙江八一农垦大学汪春教授、毛欣副教授等很多老师的支持,在水稻物理特性研究方面得到了黑龙江八一农垦大学郑桂平教授的指导,在计算机软件仿真过程中得到了黑龙江八一农垦大学王福成老师的帮助,在此一并向他们致以诚挚的谢意!

  本专著得到了黑龙江省科技攻关项目(编号:GZ11B109)、黑龙江省自然基金(编号:E2015033)、黑龙江教育厅科学技术研究项目(编号:12531439)、高等学校博士学科专项科研基金联合资助课题(编号:305110002)、国家科技支撑计划课题(编号:2014BAD06B01)的资助,以及黑龙江省农垦总局及农场的支持,在此表示忠心的感谢!还要深深感谢父母和家人在完成项目研究、本书和本专著写作过程中给予的鼓励与支持。

  感谢科学出版社对本书出版给予的帮助。

  再次向所有给予我们巨大支持和帮助的各位表示衷心的感谢!

衣淑娟　陶桂香

2015 年 8 月

本专著支撑情况详单

课题:

  [1] 陶桂香、衣淑娟、韩霞、汪志强、刘英楠等,黑龙江省科技攻关项目(水稻钵盘精量排种装置投种机理及试验研究 GZ11B109),已完成。

  [2] 陶桂香、衣淑娟、毛欣、刘英楠、韩霞等,黑龙江省自然基金(寒地水稻钵盘精量播种装置机理的研究 E2015033),在研。

  [3] 陶桂香、衣淑娟、王睿晗、刘海燕、冯金龙等,黑龙江教育厅科学技术研究项目资助(水稻钵盘精量播种装置投种机理的研究 12531439),已完成。

  [4] 陶桂香,黑龙江八一农垦大学学成、引进人才科研启动计划(机械式水稻钵盘精量播种装置仿真与试验研究 DXB2013-20),在研。

  [5] 衣淑娟、汪春、陶桂香、毛欣、刘英楠等,高等学校博士学科专项科研基金联合资助课题(水稻植质钵盘精量播种关键部件机理的研究 305110002),已完成。

  [6] 衣淑娟、陶桂香、毛欣等,国家科技支撑计划课题(现代化农业农机装备研究与示范 2014BAD06B01),在研。

论文：

[1] Yi SJ，Liu YF，Wang C，et al. Experimental study on the performance of rice bowl-dish precision seeder[J]. International Journal of Agricultural and Biological Engineering，2014，7(1)：17-25.（SCI 收录）

[2] 陶桂香，衣淑娟，汪春，等. 水稻钵盘精量播种机充种性能试验[J]. 农业工程学报，2013，08：44-50.（EI 收录）

[3] 陶桂香，衣淑娟，毛欣，等. 水稻植质钵盘精量播种装置投种过程的动力学分析[J]. 农业工程学报，2013，21：33-39.（EI 收录）

[4] 陶桂香，衣淑娟，汪春，等. 基于高速摄像技术的水稻钵盘精量播种装置投种过程分析（英文）[J]. 农业工程学报，2012，S2：197-201.（EI 收录）

[5] 刘英楠，衣淑娟，陶桂香. 组合式轴流脱分装置应力模型仿真研究[J]. 农机化研究，2014，12：61-64.

[6] 刘英楠，衣淑娟，洪杰夫，等. 水稻钵盘精量播种装置投种过程高速摄像验证分析[J]. 农机化研究，2015，04：193-196，222.

[7] 李衣菲，郭占斌，陶桂香，等. 水稻芽种物理特性试验研究[J]. 农机化研究，2015，01：209-212，222.

[8] 刘海燕，衣淑娟，陶桂香，等. 寒地水稻芽种静压力学性能的试验研究[J]. 农机化研究，2015，04：184-187.

[9] 王睿晗，衣淑娟，陶桂香，等. 水稻芽种物理特性的试验研究[J]. 农机化研究，2015，04：140-144.

[10] 汪春，张锡志，衣淑娟，等. 水稻育秧气吸式播种机的试验研究[J]. 机械设计与制造，2006，04：103-105.

专利：

[1] 汪春，衣淑娟，郭占斌，等. 型孔转板式水稻钵盘精量播种机[P]：中国，CN101218867. 2008-07-16.

[2] 汪春，衣淑娟，郭占斌，等. 型孔转板式水稻钵盘精量播种机[P]：中国，CN201138939. 2008-10-29.

[3] 汪春，衣淑娟，郑桂萍，等. 水稻植质钵育秧盘及其制备方法[P]：中国，CN101361451. 2009-02-11.

[4] 汪春，郭占斌，丁元贺，等. 水稻钵育联合精量真空播种装置[P]：中国，CN1930937. 2007-03-21.

[5] 汪春，郭占斌，丁元贺，等. 水稻钵育联合精量真空播种装置[P]：中国，CN200980245. 2007-11-28.